U0235170

人类驯养的
家禽家畜

主编◎王子安

Animal

汕頭大學出版社

图书在版编目（CIP）数据

人类驯养的家禽家畜 / 王子安主编. -- 汕头 : 汕头大学出版社, 2012.5（2024.1重印）
ISBN 978-7-5658-0812-8

Ⅰ. ①人… Ⅱ. ①王… Ⅲ. ①家禽－基本知识②家畜－基本知识 Ⅳ. ①S83-49②S82-49

中国版本图书馆CIP数据核字(2012)第097680号

人类驯养的家禽家畜 RENLEI XUNYANG DE JIAQIN JIACHU

主　　编：王子安
责任编辑：胡开祥
责任技编：黄东生
封面设计：君阅书装
出版发行：汕头大学出版社
　　　　　广东省汕头市汕头大学内　邮编：515063
电　　话：0754-82904613
印　　刷：唐山楠萍印务有限公司
开　　本：710 mm×1000 mm　1/16
印　　张：12
字　　数：73千字
版　　次：2012年5月第1版
印　　次：2024年1月第2次印刷
定　　价：55.00元
ISBN 978-7-5658-0812-8

版权所有，翻版必究
如发现印装质量问题，请与承印厂联系退换

前言

这是一部揭示奥秘、展现多彩世界的知识书籍，是一部面向广大青少年的科普读物。这里有几十亿年的生物奇观，有浩淼无垠的太空探索，有引人遐想的史前文明，有绚烂至极的鲜花王国，有动人心魄的考古发现，有令人难解的海底宝藏，有金戈铁马的兵家猎秘，有绚丽多彩的文化奇观，有源远流长的中医百科，有侏罗纪时代的霸者演变，有神秘莫测的天外来客，有千姿百态的动植物猎手，有关乎人生的健康秘籍等，涉足多个领域，勾勒出了趣味横生的“趣味百科”。当人类漫步在既充满生机活力又诡谲神秘的地球时，面对浩瀚的奇观，无穷的变化，惨烈的动荡，或惊诧，或敬畏，或高歌，或搏击，或求索……无数的探寻、奋斗、征战，带来了无数的胜利和失败。生与死，血与火，悲与欢的洗礼，启迪着人类的成长，壮美着人生的绚丽，更使人类艰难执着地走上了无穷无尽的生存、发展、探索之路。仰头苍天的无垠宇宙之谜，俯首脚下的神奇地球之谜，伴随周围的密集生物之谜，令年轻的人类迷茫、感叹、崇拜、思索，力图走出无为，揭示本原，找出那奥秘的钥匙，打开那万象之谜。

我国农业历史悠久，源远流长，从远古时期的茹毛饮血到现代文明的繁盛，农业在人类历史的发展中作出了不可磨灭的贡献。我们的祖先早在远古时期，根据自身生活的需要和对动物世界的认识程度，先后选择了猪、羊、牛、鸡、鸭和鹅等动物进行饲养驯化。经过漫长的岁月，这些动物都逐渐成为了家畜和家禽。

人类开始饲养家畜和家畜，代表了人类走向文明的重要发展之一。一般较常见家畜饲养方式为舍饲、圈饲、系养、放牧等。在人类生活中，家畜为人类提供较稳定的食物来源作出了重大贡献。

《人类驯养的家禽家畜》一书结构分明，层次清楚。共分为四章，第一章主要就家禽的相关知识点进行阐述；第二章则就家畜的知识点进行介绍；第三章讲述的是有关家禽的文化，如有关鸡的文化等；第四章叙述的是有关家畜的文化，如马的文化和牛的文化等。本书集知识性与趣味性于一体，是农业爱好者的最佳读物。

此外，本书为了迎合广大青少年读者的阅读兴趣，还配有相应的图文解说与介绍，再加上简约、独具一格的版式设计，以及多元素色彩的内容编排，使本书的内容更加生动化、更有吸引力，使本来生趣盎然的知识内容变得更加新鲜亮丽，从而提高了读者在阅读时的感官效果。

由于时间仓促，水平有限，错误和疏漏之处在所难免，敬请读者提出宝贵意见。

2012年5月

目录 CONTENTS

第一章 漫谈家禽

第二章 畅谈家畜

目录 CONTENTS

第三章 述说家禽文化

第四章 述说家畜文化

第一章　漫谈家禽

家禽一般指家鸡、火鸡、珍珠鸡、鸽等陆禽及鸭、鹅等水禽，通常是以卵、肉、羽毛等的生产为目的，但也有为玩赏用而饲养的。人类最早饲养家畜最早起源于一万多年前，代表了人类走向文明的重要发展之一。一般较常见家畜饲养方式为舍饲、圈饲、系养、放牧等。在人类生活中，家畜为人类提供较稳定的食物来源作出了重大贡献。

而家禽的饲养驯化，在我国也已经有数千年的历史，培育出了不少世界名贵品种。如由绿头鸭驯化成的家鸭中，北京鸭是良好的品种，年产蛋70至120个，而且制成的北京烤鸭，其美味已驰名中外。另外有一些常见的家禽如由大雁驯化而成的鹅，由原鸡驯化成的家鸡等。家禽除提供人类肉、蛋外，它们的羽毛和粪便也有重要的经济价值。本章将为大家介绍生活中最常见的家禽如鸡、鸭、鹅等，希望通过本章，大家能对家禽有更深的了解。

家禽概述

家禽是由古代的野生鸟类，经过人类的长期驯化而来的。一般是指人工豢养的鸟类动物，主要为了获取其肉、蛋和羽毛，也有作为其他用处的，如信鸽、宠物等。一般为雉科和鸭科动物，如鸡、鸭、鹅等，也有其他科的鸟类如火鸡、鸽、鹌鹑和各种鸣禽等。近年来，家禽的饲养种类越来越多，有饲养雉、孔雀、鸵鸟的大规模饲养场。

一些常见的家禽，如鸡似乎是由印度、马来亚等地方现存的几种野鸡改良而来，但其详细历史尚不明了，东方大约于4000年前，西欧3000年前就进行了饲养。火鸡是美洲原产的野鸟，是比较晚期驯养而成为家禽的，其祖先现在还在美洲中南部过野生生活。鸭的原种是凫，鹅的原种是雁。

家禽除提供人类肉、蛋外，它们的羽毛和粪便也有重要的经济价值。我国的蛋鸡饲养量多年来为世界第一，鸡蛋产量稳居世界第一。我国蛋鸡业经过了十几年的快速发展，已经连续几年处于一个平台期，并且有减少的可能。

虽然我国饲养总量世界第一，但我国养鸡水平距西方发达国家差距很大。据不完全统计，蛋鸡总量中90％由存栏10000只以下的饲养户构成。

趣味科普百花园

火鸡的营养与分类

火鸡是美洲特产，在营养价值上有“一高二低”的优点。一高是蛋白质含量高，二低是脂肪低，胆固醇低，并含有丰富的铁，锌，磷，钾及维生素B。火鸡肉和其他肉类产品比较起所含蛋白含量甚高，但是热量和胆固醇是最少的。火鸡肉所含的脂肪是不饱和脂肪酸，不会导致血液中胆固醇量的增加。其次，火鸡胸肉的铁含量也相当高，对于生理期、妊娠期和受伤需调养的人而言，火鸡肉是供应铁质最佳的来源之一。火鸡肉在营养学上的另外特色还包括其富含色氨酸和赖氨酸，可协助人体减压力、消除紧张和焦躁不安等症。

火鸡的品种主要有：

（1）青铜火鸡：原产美洲，这种火鸡因羽毛具有青铜的光泽而得名，年产蛋60个左右，母火鸡体重8千克，公火鸡体重16千克。该品种引入我国时间太长，目前品种退化严重。

（2）尼古拉火鸡：由美国尼古拉火鸡育种公司选育而成，成年公火鸡最大体重25千克，母火鸡12千克，年产蛋60~80个，羽毛纯白色。这种火鸡公母体重悬殊，自然交配受精率差，要施行人工授精，适合集约化工厂养殖。

（3）贝蒂纳火鸡：原产于墨西哥，后经法国贝蒂纳火鸡育种公司培育驯化而成，现已成为世界上既可放牧又可舍饲的唯一品种。这种火鸡耐粗饲、增重快、饲料报酬高，抗病力强，年产蛋90~120个，公火鸡体重为10千克左右，母火鸡为5千克左右。这种火鸡自然交配受精率高，且自孵能力较强。既适宜中型、小型火鸡场饲养，也适合农村专业户和农户散养，是一个理想的品种。

家禽用药的最佳投服方法

◆给药方法

家禽的给药方法有口服给药（包括混料、混水、灌服、喷服、滴口等）、注射给药（皮下注射、肌肉注射、静脉注射、腹腔注射、气管内注射等）、喷雾给药、滴眼等。最为常用的是拌料、饮水、肌肉注射等。

混料浓度一般是混水浓度的2倍，混料时必须混合均匀，最好采取逐级混合的方法。混饮，大多数药物可采用集中给药法，即用药前先限水1～2小时（寒冷季节可以适当延长），然后在给药液2小时左右饮完，再用清水，一般是全天用药量加到全天饮水量的1/5中。因季节不同，动物的饮水量变化很大，建议按采食量算全天用药量。对于一些毒性较大的药、解毒药、肾药、降暑药等，也可以采取一天2次或自由饮用。另外，配合用药饮水时，一定注意配伍禁忌。

◆给药时间

内服药物多数是在胃肠道吸收的，因此，胃肠道的生理环境，尤其是PH值的高低，饱腹状态，胃排空速率等往往影响药物的生物利用度。如林可霉素需空腹给药，采食后给药药效下降2/3；而红霉素则需喂料中或喂料后给药，否则，易受胃酸破坏，药效下降80%。而有的药物需定点给药，如用氨茶碱治疗支原体、传支、传喉所致的呼吸困难时，最佳用药方法是将2天的用量于晚间8点一次应用，这样既提高其平喘效果，且强心作用增加4~8倍，还可以减少与其他药物如红霉素、氨基糖苷类等不良反应发生。

需要注意给药时间的常用药物及内服方法如下：

（1）需空腹给药的药物有（料前1小时）：半合成青霉素中阿莫西林、氨苄西林、头孢菌素（头孢曲松钠除外）、强力霉素、林可霉素、利福平、喹诺酮类中诺氟沙星、甲磺酸培氟沙星等。

（2）料后2小时给药的药物：罗红霉素、阿奇霉素、左旋氧氟沙星。

（3）需定点给药的药物有：

①地塞米松磷酸钠：（治疗禽大肠杆菌败血症、腹膜炎、重症菌毒混合感染）将2天用量于上午8点一次性投药，可提高效果，减轻

反应。氨茶碱：将2天用量于晚上8点一次性投药。

②扑尔敏、盐酸苯海拉明：将1天用量于晚9点一次性投药。

③蛋鸡补钙：（葡萄糖酸钙、乳酸钙）早晨6点补钙效果最佳。

（4）中药制剂：治疗肺部感染、支气管炎、心包炎、肝周炎，宜早晨料前一次投喂；治疗肠道疾病、输卵管炎、卵黄性腹膜炎时，宜晚间料后一次喂。

◆给药次数

由于药物不同，其抗菌机理、药效学和药动学不同，一日用药次数也不相同。如浓度依赖型杀菌药物（氨基糖苷类、喹诺酮类），一日只需给药一次，有利于迅速达到血药浓度，缩短达峰时间；而抑菌药（如红霉素、林可霉素、磺胺喹恶啉、氯霉素等）的作用

则相反，达不到应有的次数。即使10倍浓度，也不能达到目的，反而造成细菌在高浓度压力下的相对耐药性的产生。

除抗感染药物外，某些半衰期长的药物如地塞米松磷酸钠、硫酸阿托品、盐酸溴乙环铵等也可一日一次或两日一次。可一日给药一次的药物有：头孢三嗪、氨基糖苷类、强力霉素、氟苯尼考、阿奇霉素、琥乙红霉素（用于支原体感染）、克林霉素（用于金黄色葡萄球菌感染）、硫酸粘杆菌素、磺胺间甲氧嘧啶、硫酸阿托品、盐酸溴乙新等；可二日给药一次的药物有：地塞米松磷酸钠、氨茶碱等。其他的药物多为一日2次用药。有的药物如用麻黄碱喷雾给药解除严重喘病时，也可一日多次给药。

◆给药疗程

药物的使用必须得用够疗程，如抗生素一般2～3天，磺胺药3～5天。任何禽病的治疗（治本解表）都需要一个疗程，而许多用户对此认识不足，通常用药2天，有时见效就停药，多造成复发；而有的治疗2天不见效就开始换药，结果易造成细菌耐药性的产生和药物浪费，延误治疗时机，反而延长疗程。至于最佳停药时间，可根据病情轻重加以确定。通常情况下，以表症解除后如止泻、退热、平喘、采食、精神恢复等，再用药2～3天为宜。而对于重症疾病或菌毒混合感染（三炎、AI、ND等），需用药3～5天。有时为降低成本，可首选高效药物用药3天控制疾病后，再用中药结合速溶多维，巩固疗效2～3日。

◆药物不同

有些特殊药物应采用特殊的给药方法：

（1）驱虫药，肉鸡30日龄左右，蛋鸡在60日龄和120日龄左右投服一次，宜在上午投药；

（2）维生素类，作为饲料添加剂主要是复合维生素或多种维生素，宜现配现用；

（3）微生态制剂，宜在抗菌素用过后使用，宜现配现用，切忌与抗菌素合用，否则会使活菌剂失效；

（4）健胃消化药，如食母生、促菌生等宜在料前投服，或者先用少量饲料拌匀喂服。

禽流感

禽流感是由禽流感病毒引起的一种急性传染病，也能感染人类。人感染后的症状主要表现为高热、咳嗽、流涕、肌痛等，多数伴有严重的肺炎，严重者心、肾等多种脏器衰竭导致死亡，病死率很高，通常人感染禽流感死亡率约为33%。此病可通过消化道、呼吸道、皮肤损伤和眼结膜等多种途径传播，区域间的人员和车辆往来是传播本病的重要途径。

◆禽流感简介

禽流感是禽流行性感冒的简称，它是一种由甲型流感病毒的一种亚型（也称禽流感病毒）引起的传染性疾病，被国际兽疫局定为甲类传染病，又称真性鸡瘟或欧洲鸡瘟。按病原体类型的不同，禽流感可分为高致病性、低致病性和非致病性禽流感三大类。非致病性禽流感不会引起明显症状，仅使染病的禽鸟体内产生病毒抗体。低致病性禽流感可使禽类出现轻度呼吸道症状、食量减少、产蛋量下降，会出现零星死亡。高致病性禽流感最为严重，发病率和死亡率均高，人感染高致病性禽流感死亡率约是60%，家禽鸡感染的死亡率几乎是100%，无一幸免。

◆受禽流感感染的家禽症状

禽流感感染家禽后潜伏期从几小时到数天不等，最长可达21天。高致病性禽流感感染家禽后表现为突然死亡、高死亡率，饲料和饮水消耗量及产蛋量急剧下降，病鸡极度沉郁，头部和脸部水肿，鸡冠发绀、脚鳞出血和神经紊乱；鸭鹅等水禽有明显神经紊乱和腹泻症状，可出现角膜炎症，甚至失明。

剖检可见全身组织器官严重出血。腺胃粘液增多，刮开可见腺胃乳头出血、腺胃和肌胃之间交界处粘膜可见带状出血；消化道粘膜，特别是十二指肠广泛出血；呼吸道粘膜可见充血、出血；心冠脂肪及心内膜出血；输卵管的中部可见乳白色分泌物或凝块；卵泡充血、出血、萎缩、破裂，有的可见“卵黄性腹膜炎”。水禽在心内膜还可见灰白色条状坏死，胰脏沿长轴常有淡黄色斑点和暗红色区域。

急性死亡病例有时看不到明显病变。

病理组织学变化主要表现为脑、皮肤及内脏器官（肝、脾、胰、肺、肾）的出血、充血和坏死。脑的病变包括坏死灶、血管周围淋巴细胞管套、神经胶质灶、血管增生和神经元性变化，胰腺和心肌组织局灶性坏死。

◆禽流感与人类

人类感染禽流感病毒的概率很小，主要是由于三个方面的因素阻止了禽流感病毒对人类的侵袭。

首先，禽流感病毒不容易被人体细胞识别并结合。其次，所有能在人群中传播的流感病毒，其基因组必须含有几个人流感病毒的基因片断，而禽流感病毒没有。最后，高致病性的禽流感病毒由于含碱性氨基酸数目较多，使其在人体内的复制比较困难。

◆禽流感的预防

（1）加强禽类疾病的监测，一旦发现禽流感疫情，动物防疫部门立即按有关规定进行处理。养殖和处理的所有相关人员做好防护工作。

（2）加强对密切接触禽类人员的监测。当这些人员中出现流感样症状时，应立即进行流行病学调

查，采集病人标本并送至指定实验室检测，以进一步明确病原，同时应采取相应的防治措施。

（3）接触人禽流感患者应戴口罩、戴手套、穿隔离衣。接触后应洗手。

（4）要加强检测标本和实验室禽流感病毒毒株的管理，严格执行操作规范，防止医院感染和实验室的感染及传播。

（5）注意饮食卫生，不喝生水，不吃未熟的肉类及蛋类等食品；勤洗手，养成良好的个人卫生习惯。

（6）养成早晚洗鼻的良好卫生习惯，保持呼吸道健康，增强呼吸道抵抗力。

（7）药物预防对密切接触者必要时可试用抗流感病毒药物或按中医药辨证施防。

（8）别去疫区旅游。

（9）重视高温杀毒。

陆禽简介

陆禽是指鸟纲中的鸡形目和鸠鸽目的鸟类。这些鸟类经常在地面上活动，因此被称为陆禽。

陆禽主要在陆地上栖息，体格健壮，翅膀尖为圆形，不适于远距离飞行；嘴短钝而坚硬，腿和脚强壮而有力，爪为钩状，很适于在陆地上奔走及挖土寻食。松鸡、马鸡、孔雀等都属于这一类。

陆禽主要以植物的叶子、果实及种子等为食，大多数用一些草、树叶、羽毛、石块等材料在地面筑巢，巢比较简单。

我国是世界上盛产鸡类的国家，共有49种，有许多是我们国家的特产种，如金鸡、马鸡、虹雉、长尾雉、孔雀等。由于陆禽中多种鸟类有经济价值和观赏价值，这些鸟类一直是人们捕捉的重点对象之一，从而使它们的生存受到严重的威胁。目前列入《世界濒危动物红皮书》即《华盛顿公约》中的受威胁及濒危雉类已有18种，其中就有11种在我国有分布。我们既为我国有如此丰富的雉类资源而自豪，但更应保护它们。

◆鸡

我国的养禽历史悠久，可追溯到距今约七八千年前新石器时期的原始社

会。西安半坡村遗址，河南新郑县裴李岗和河北磁山等原始村落遗址都发现华夏先民养鸡的痕迹。殷墟出土的三千年前的甲骨文就有鸡的象形文字，从字的构成表示鸡是用绳子系着腿和爪来饲养的，怕它飞跑。这表明在三千多年前鸡尚在驯化阶段。

到二千多年前汉朝盛世时期，北方养鸡供肉用和产蛋用已相当普遍。此后，随着农业生产的逐渐发展，经过二三千年的驯化和演变，因地制宜和适应环境，在各地出现了不同的地方特色鸡和其他禽种。比如原鸡，原鸡是鸡形目雉科原鸡属的1种，又名茶花鸡，为家鸡的始祖，现产于我国的云南、广西壮族自治区及海南省。东南亚、印度、马来半岛及印度尼西亚的苏门答腊岛等也有分布。明代李时珍在《本草纲目》中著说："鸡种甚多，五方所产，大小形色往往亦异。"并列举了各处鸡种，有辽阳角鸡，楚之偏鸡，南越长鸣鸡，乌骨鸡等。到清朝初期，陕西省已有肉鸡和蛋用鸡两个种类的鸡种。

（1）鸡的生活习性

①鸡一般喜欢温暖干燥的环境，不喜欢炎热潮湿的环境。

②鸡喜欢登高栖息，习惯在

栖架上休息。光线能直接影响鸡的活动力。当光线由弱到强，鸡的活动能力逐渐增强；相反，光线渐弱时活动能力减弱，完全黑暗则停止活动，登高栖息。

③鸡喜欢集群，一般不单独活动。刚刚孵化出来的雏鸡也会找寻群体，脱离群体就尖叫不止。

④鸡胆小怕惊。陌生的声音、动作等突然出现，都会引起鸡的应激反应，惊叫、逃跑、炸群，甚至乱窜乱撞。

⑤高密集饲养的鸡常出现啄肛、啄羽、啄趾等不良行为，容易给生产带来损失。

⑥肉种鸡有不同程度的抱窝性。抱窝性影响产蛋量，应注意采取醒抱措施。

趣味科普百花园

公鸡打鸣的原因

公鸡打鸣是一种“主权宣告”，一方面提醒家庭成员它至高无上的地位，另一方面警告临近的公鸡不要打它家眷的主意。公鸡在白天大概每小时打鸣一次，只不过早上那第一声鸡叫划破了黎明的宁静，临近的公鸡接力下去，让人印象深刻。一般情况下，夜里鸡都在睡觉。鸡的大脑里有个“松果体”，松果体可以分泌一种称为褪黑素的物质。如果有光射入眼睛，

褪黑素的分泌便被抑制。褪黑素能抑制性激素的分泌，也直接控制鸟类的歌唱。晨光乍现，褪黑素的分泌受到抑制，雄鸡便不由自主的“司晨”。一年之中，当白昼渐渐变长，鸟儿体内的褪黑素水平下降，它们便开始

“叫春”。公园里提着鸟笼的大爷也知晓这个道理，平常鸟笼都被厚厚的布罩盖着，一旦摘下布罩，光线惊醒了鸟儿的“鸣叫中枢”，歌咏会便开始了。

古代，公鸡可以安享黑暗静谧的夜晚。有时遇到满月，月光偶尔也会刺激太过敏感的公鸡“起夜”。而到了战乱时候，被声音和火光惊扰的公鸡夜啼的概率大大增加，于是古人以“雄鸡夜鸣”为战争的凶兆。

现代社会，人工照明的普及早已消弭了昼夜的区别。不但人类深受“人工白昼”带来的褪黑素水平下降引发的种种健康问题，跟着人混的其他动物也跟着遭殃。英国国鸟——俗称“知更鸟”的欧亚鸲，现在完全不“知更”了。根据英国皇家鸟类保护协会报道，在很多地方它们彻夜鸣叫，这都是路灯惹的祸。

（2）鸡的种类

①原鸡

鸡是人类饲养最普遍的家禽。家鸡源出于野生的原鸡，其驯化历史至少约4000年，但直到1800年前后鸡肉和鸡蛋才成为大量生产的商品。

原鸡是鸡形目雉科原鸡属的1种，又名茶花鸡。原鸡是家鸡的始祖，现产于我国的云南、广西壮族自治区及海南省。东南亚、印度、马来半岛及印度尼西亚的苏门答腊岛等也有分布。原鸡体型近似家鸡，头具肉冠，喉侧有一对肉垂，是本属独具的特征，雌雄异色。雄性原鸡羽色很像家养的公鸡，最显著的差别是头和颈的羽毛狭长而尖，前面的为深红色，向后转为金黄色。这些狭尖的长羽，从颈向后延伸，覆于背的前部，比家鸡更为华丽。尾羽和尾上覆羽均黑，并具金属绿色反光，羽基白色，飞时特别明显。雌性与家养的母鸡相似，体形较雄性小，尾亦较短，头和颈项黑褐缀红，颈项亦特长，轴部黑褐而具金黄色羽缘。栖于热带和亚热带山区的密林中，以植物的果实、种子、嫩竹、树叶、

各种野花瓣为食，也吃白蚁、白蚁卵、蠕虫、幼蛾等。2~5月份繁殖，多筑巢于树根旁的地面上，在浅凹内铺一层枯叶，少许羽毛。鸡年产卵1~2次，每窝4~8枚，多则12枚，浅棕白色，孵卵期18~21天。原鸡为家鸡的原祖，雄原鸡鸣声宛如“茶花两朵”，故云南当地俗称原鸡为“茶花鸡”。

②雉鸡

雉鸡是鸡形目雉科雉属的1种，又名野鸡、山鸡。雉，环颈雉，项圈野鸡。原引自我国，为欧洲及北美洲所熟悉的雉种。在我国，除青藏高原的大部分以外，分布遍于全国。雉鸡体长90~100厘米，雄鸟羽色华丽。在华东所见的雉鸡，头顶黄铜色，两侧有白色眉纹。颏、喉、后颈均黑，有金属反光。颈下有一显着的白圈，所以通称为环颈雉。背部前为金黄色，向后转栗红，再后为橄榄绿，均具斑杂。雉鸡尾羽甚长，主为黄褐色，而横贯以一系列的黑斑。胸呈金属带紫的铜红色，羽端具锚状黑斑，下体余部亦多斑杂。雉鸡平时栖息于有草丛和树木的丘陵，严冬迁至田野间，觅食昆虫、植物种子、浆果和谷物。雉鸡脚强善走，翅短，不能高飞和久飞，叫声单调而低沉。繁殖时期，雉鸡会在丘陵的草丛间随地营巢，把枯草、落叶等铺在地面凹处。每窝产卵6~14枚，通常1年孵2窝。雉鸡在我国有19个亚种。

③虫子鸡

虫子鸡是在生态环境下，采

用蛆虫饲养而得名，这些鸡或在杂草丛生，或在依山傍水，或在绿树成荫的生态环境下享受着天然生态大自然赐予的虫子美食，自然生长。虫子鸡食用的蝇蛆等昆虫活性蛋白被誉为21世纪人类的全营养食品。蝇蛆蛋白含有大量对人体有着特殊作用的几丁质、抗菌肽，还含有人体必须的多种氨基酸和蛋白质。据介绍虫子鸡终生以高蛋白蝇蛆为主食，富集了昆虫的“能量”，成为昆虫蛋白最理想的载体。所以这种鸡肉鲜味美，口感好，营养丰富。具有天然的清香，有补气益血，善补虚弱，滋肾益脾的作用。虫子鸡的品种选择虽没有固定的要求，但一般来说还是养当地的传统土鸡品种比较好，在我国各地都有很多优良的地方土鸡品种，如湘西的雪峰乌骨鸡等。

④土鸡

土鸡是家禽的一种，有别于笼养的肉鸡、蛋鸡。土鸡也叫草鸡、笨鸡等，是指放养在山野林间、果园的肉鸡。公鸡冠大而红，性烈好斗，母鸡鸡冠极小。土鸡，即本地鸡，有的叫草鸡、笨鸡，由于品种间相互杂交，因而鸡的羽毛色泽有“黑、红、黄、白、麻”等，脚的皮肤也有黄色、黑色、灰白色等，市场消费也不一样。故要选养适宜当地消费市场的品种，就广东而言，三黄鸡、杏花鸡、麻鸡均是较好的品种。

土鸡具有耐粗饲、就巢性强和抗病力强等特性，肉质鲜美。鸡蛋在城乡市场上非常畅销，且蛋价也高于普通鸡蛋。鸡肉、蛋品质优良、营养丰富，市场需求前景广阔。对于具备一定条件的农户来说，饲养柴鸡的成本又比较低廉，适合家庭养殖。

我们经常吃的鸡肉大部分都是经过饲料饲养的杂交鸡。土鸡是散养的，所以土鸡的饮用水是附近山泉的水，吃的食物是周围的各种植物和小虫子，所以土鸡的营养价值比较高。由于其肉质鲜美、营养丰富、无公害污染，肉、蛋属绿色食品，近年来颇受人们青睐，价格不断攀升。

⑤乌鸡

乌鸡又称武山鸡、乌骨鸡，是一种杂食家养鸡，它源自于我国的江西省的泰和县武山。在那儿，它已被饲养超过2000年的历史。它们不仅喙、眼、脚是乌黑的，而且皮肤、肌肉、骨头和大部分内脏也都是乌黑的。从营养价值上看，乌鸡的营养远远高于普通鸡，吃起来的口感也非常细嫩。至于药用和食疗作用，更是普通鸡所不能相比的，被人们称作“名贵食疗珍禽”。

美国把它唤为光滑的矮脚鸡，乌鸡长得矮，有小小的头及短短的颈项。经过进化及繁殖分布，现在很多国家都有它的行踪。由于饲养的环境不同，乌鸡的特征也有所不同，有白羽黑骨，黑羽黑骨，黑骨黑肉，白肉黑骨等。乌鸡羽毛的颜色也随着饲养方式变得多种多样。除了原本的白色，现在则有黑、蓝、暗黄色、灰以及棕色。乌

鸡外形奇特，典型的乌鸡具有桑椹冠、缨头、绿耳、胡须、丝毛、五爪、毛脚、乌皮、乌肉、乌骨十大特征，有“十全”之誉。

在唐朝，乌鸡被当作丹药的主要成分来治疗所有妇科疾病。明朝著名的《本草纲目》说明泰和乌鸡是妇科病的滋补及滋养品。我国科学院的研究显示乌鸡有特效的营养及医药价值。这是因为武山的罕有天然环境尤其是武山的泉水富含多种矿物质，而乌鸡则喝那泉水，吃野生的草粮以及小虫为生，所以它也吸收了精华。

与一般鸡肉相比，乌鸡有10种氨基酸，其蛋白质、烟酸、维生素E、磷、铁、钾、钠的含量更高，而胆固醇和脂肪含量则很少，难怪人们称乌鸡是“黑了心的宝贝”。所以，乌鸡是补虚劳、养身体的上好佳品。食用乌鸡可以提高生理机能、延缓衰老、强筋健骨。对防治骨质疏松、佝偻病、妇女缺铁性贫血症等有明显功效。《本草纲目》认为乌骨鸡有补虚劳羸弱，制消渴，益产妇，治妇人崩中带下及一些虚损诸病的功用。著名的乌鸡白凤丸，是滋养肝肾、养血益精、健脾固冲的良药。

⑥火鸡

火鸡即吐绶鸡，是鸡形目吐绶鸡科吐绶鸡属的一种。因发情时扩翅展尾成扇状，肉瘤和肉瓣由红色变为蓝白色，所以又叫七面鸟（或七面鸡）。火鸡原产于北美洲东部和中美洲，本为野生，现已驯化为肉用家，现各国多引进饲养。欧洲人在移民到美洲之后开始吃火鸡，竟然发现火鸡比原先的烤鹅好吃。而且北美洲有很多火鸡，于是烤火鸡成了美国人的大菜，重要节日中火鸡成为必不可少的佳肴。

火鸡以其体形大，生长迅速，抗病性强，瘦肉率高而受人瞩目，可与肉用鸡媲美，被誉为“造肉机器”。火鸡肉不仅肉质细嫩、清淡，而且在营养价值上有“一高二低”的优点。一高是蛋白质含量高，在30%以上；二低是火鸡肉在国外被认为是心脑血管疾病患者的理想保健食品，同时，火鸡肉也是益气补脾的食疗佳品。目前，世界上有许多国家以火鸡肉代替牛肉、猪肉、羊肉和鸭肉。

火鸡具有野生动物的特性，高蛋白（蛋白质含量27%，普通肉鸡只有23%），低脂肪（2%～3%），胆固醇含量低（0.06%～0.1%），肉质鲜嫩可口，是妇女、儿童、老年人的保健食品，更是肥胖人士理想的减肥食品。常食火鸡肉对高血压、糖尿病、心脑血管有防治作用。不仅火鸡肉味美质佳，火鸡蛋也是优良的食品，火鸡蛋蛋黄丰富，韧性好，属于品质上好的禽蛋。

趣味科普百花园

鸡各部位的药用价值

鸡蛋：性味甘平，可镇心、安五脏、止惊安胎。醋煮食之，治赤白久痢、产后虚痢；熟蛋调酒服之，治产后耳鸣、耳聋；单服醋煮蛋黄，治产后虚弱。

鸡肝：性味甘温，可补肝肾，治心腹痛，安胎止血；肝虚目暗患者多食鸡肝大有裨益。

鸡胆：性味苦，微寒。可泻肝火，理肺气，水化搽痔疮可迅速消除炎症；治小儿百日咳有特效。

鸡血：性味咸平，有安神定志、解毒作用。热血服之，治小儿下血及惊风，解丹毒蛊，安神祛风。

鸡肉：黄母鸡肉能助阳气、暖小肠、止泄精；母鸡肉可治风寒湿痹、病后产后体弱身虚；公鸡肉有益于肾虚阳痿者服用；乌骨鸡肉既是营养珍品，又是传统中药，单用或配制复方，可补气血，调阴阳，养阴清热，调经健脾，补肾固精，常用于病后康复和男女生殖系统疾患。

肠：性味甘平，可治遗精、消

渴、小便不禁等症。

鸡油：性味甘寒，是治头秃脱发良药。

鸡脑：性味甘咸，可用于梦惊、小儿惊痫的治疗。

鸡肾：性味甘平，风干火焙入药，可治头眩眼花、咽干耳鸣、耳聋、盗汗等病症。

孵鸡蛋壳（凤凰衣）：性味甘寒。火焙研末入药，热汤送服，治疗盗汗、背冷、腰痛等病症；烧灰油调，涂癣及小儿头身诸疮。

鸡内金：性味甘平，治胃肠疾患良药。文火炒熟碾成细末，单用或配制复方治肠风泻血、小便频遗，对小儿消化不良有特效。

蛋。根据蛋壳颜色的不同分为白壳蛋鸡系和褐壳蛋鸡系。蛋鸡系的特点是一般体型较小，体躯较长，后躯发达，皮薄骨细，肌肉结实，羽毛紧密，性情活泼好动。一般年产蛋可达270～300枚。

而肉鸡系则主要通过肉用型鸡的杂交配套选育成肉用仔鸡。其特点为体型大、体躯宽且深而短，胸部肌肉发达，肉鸡冠小、颈短而粗，距短骨粗；肌肉发达，性情温

（3）食用鸡品种

目前世界上已知鸡的品种有2000多个，而且每个品种又有好几个变种。不同品种反映出不同的体质类型、外部形态、内部结构、生产性能和经济用途。为了便于研究和实用，人们常将鸡的品种加以划分，下面介绍一种分类法——现代分类法。

现代分类法是为适应近代养禽业的产展，按经济性能分类，又可分为蛋用系和肉用系（即蛋鸡系和肉鸡系）。

蛋鸡系主要用于生产商品

驯，动作迟缓，生长迅速且容易肥育，一般饲养6～7周龄体重即可达2千克以上。

①蛋鸡“聚会”

北京白鸡：是以国外白壳蛋系父母代、商品代鸡群为基础，由北京市组织专家育成的一个优良白壳蛋鸡新品系。该鸡具有白色来航鸡种的外貌特征，体型小而清秀，全身羽毛白色而紧贴，冠大鲜红，公鸡冠较厚而直立，母鸡冠薄且倒向一侧。喙、胫、趾皮肤呈黄色，耳叶白色，活泼好动，觅食力强。

滨白鸡：是由黑龙江省东北农学院于1976—1984年间育成的，轻型白壳蛋配套杂交蛋鸡，属来航鸡型。该鸡的主要特点是：产蛋多且蛋个大，蛋质好，生活力强，平养、笼养均宜。

北京红鸡：是北京市第二种鸡场在1981年引进的星杂579的基础上，采用综合性状和合并指数相结合的方法，经9个世代选育而成的一个褐壳蛋鸡种。它具有适应性和抗病力强的特点，蛋壳褐色，产蛋量高，雌雄羽色鉴别和遗传性能

稳定。

仙居鸡：又名梅林鸡，原产浙江仙居县，是一种小型地方蛋鸡种，耐粗饲，觅食力强，适于放牧饲养。体型小，结实紧凑，匀称秀丽，动作灵敏。头细长，眼突出，喙弯曲，单冠、脚高。母鸡毛色有黄、花、黑三种，也有白色和杂色的。尾羽和主翼内侧羽为黑色，颈羽有的具鱼鳞状黑斑。公鸡主要为金黄色和红黑色两种，胫是黄色。多无就巢性。公鸡体重1.2～1.5千克，母鸡1.1千克。开产期160—180日龄。年产蛋180～200个，蛋重40～50克，蛋壳黄棕色。此鸡骨细。屠宰率高，肉鲜美可口，淘汰母鸡肉用价值高。

白耳黄鸡：又称白银耳鸡，因其身披黄色羽毛，耳叶白色而得名，原产江西广丰、上饶、玉山和浙江山县。该系鸡以白耳、三黄（毛黄、肤黄、脚黄）、体型轻小、羽毛紧凑、尾翘、蛋大壳厚为特征。成年公鸡羽毛呈棕红色，尾羽夹有几根闪蓝黑羽。肉垂长而薄，呈鲜红色。头细小，喙短梢

弯，脚发达，体躯细长后躯宽大，性情温驯，行动灵活，觅食力强。

罗曼褐：德国罗曼公司育成，属中型体重高产蛋鸡，四系配套，有羽色伴性基因。

伊莎褐：法国依莎公司育成，属四系配套中型体重的高产棕壳蛋鸡。该鸡系具有较好的抗热性能，是当前世界主要高产蛋用鸡种之一，有羽色和快慢羽两个伴性基因。

罗斯褐：英国罗斯公司育成，属高产蛋鸡，适应性强，抗逆性表现较好。有金银色和快慢羽两个伴性基因。

迪卡•沃伦（褐）：是由美国

迪卡布家禽育种公司培育的一种优良褐壳蛋鸡。四系配套，有羽色伴性基因，能自别公母。

海赛克斯（褐）：荷兰成尤里布德公司培育的中型褐壳蛋鸡，具有羽色伴性基因。此鸡性情温顺，好管理，抗寒性强，抗逆性好且具有产蛋高峰期长，破壳蛋少的特点。但耐热性较差，适宜在北方寒冷地区饲养。

海兰褐：美国海兰国际公司培育的中型褐壳蛋鸡。该鸡性情温顺，适应性好，开产早，产蛋高峰来得早且持续期较长，具有羽色伴性基因。

星杂288（白）：又名S288，是加拿大谢弗公司育成的。体型、毛色与白来航鸡相似，但体重较轻。此鸡具有耗料少、产蛋多、蛋较重、不抱窝等特点。

②肉鸡“盘点”

肉鸡是人类饲养最普遍的家禽，家鸡源出于野生的原鸡，其驯化历史至少约4000年，但直到1800年前后鸡肉和鸡蛋才成为大量生产的商品。

北京油鸡：北京油鸡具有冠羽(凤头)和胫羽，少数有趾羽，有的有冉须，常称三羽(凤头、毛脚和胡须)，并具有“S”型冠。羽毛蓬松，尾羽高翘，十分惹人喜爱。北京油鸡平均活12周龄，重959.7克，20周龄公鸡1500克，母鸡1200克。肉质细嫩，肉味鲜美，适合多种传统烹调方法。

桃源鸡：桃源鸡体质硕大、单冠、青脚、羽色金黄或黄麻、羽毛蓬松、呈长方形。公鸡姿态雄伟，性勇猛好斗，头颈高昂，尾羽上翘；母鸡体稍高，性温顺，活泼好动，后躯浑圆，近似方形。成年公鸡体重3342±63.27克，母鸡2940±40.5克。肉质细嫩，肉味鲜美。半净膛屠宰率公母分别为84.90%，82.06%。

河田鸡：河田鸡体宽深，近似方形，单冠带分叉(枝冠)，羽毛黄羽，黄胫。耳叶椭圆形，红色。90日龄公鸡体重588.6克，母鸡488.3克，150日龄公母体重分别为1294.8克，母鸡1093.7克。河田鸡是很好的地方鸡肉用良种，体型浑圆，屠体丰满，皮薄骨细，肉质细嫩，肉味鲜美，皮下腹部积贮脂肪，但生长缓慢，屠宰率低。

丝羽乌骨鸡：丝羽乌骨鸡在

国际标准品种中列入观赏鸡。头小、颈短、脚矮、体小轻盈，它具有“十全”特征，即桑椹冠、缨头(凤头)、绿耳(蓝耳)、胡须、丝羽、五爪、毛脚(胫羽，白羽)、乌皮、乌肉、乌骨。除了白羽丝羽乌鸡，还培育出了黑羽丝毛乌鸡。150日龄福建公、母体重分别为1460克，1370克，江西分别为913.8克，851.4克，半净膛屠宰率江西公鸡为88.35%，母鸡为84.18%。丝羽乌鸡在我国已作为肉用特种鸡大力推广应用。

茶花鸡：茶花鸡体型矮小，单冠、红羽或红麻羽色、羽毛紧贴、肌肉结实、骨骼细嫩、体躯匀称、性情活泼、机灵胆小、好斗性强、能飞善跑。茶花

鸡150日龄体重公母分别为750克，760克，半净膛屠宰率公母分别为77.64%，80.56%。

清远麻鸡：该品种母鸡似楔形，头细、脚细、羽麻。单冠直立，脚黄，羽色麻黄占34.5%，麻棕占43%，麻褐占11.2%。成年公母体重分别为2180克，1750克。84日龄公母平均重为915克。

峨眉黑鸡：峨眉黑鸡的体型较大，体态浑圆，全身羽毛黑羽，着生紧密，具有金属光泽，大多数为红单冠或豆冠，喙黑色，胫、趾黑色，皮肤白色，偶有乌皮个体。公鸡体型较大，梳羽丰厚，胸部突出，背部平直，头昂尾翘，姿态矫健，两腿开张，站立稳健。90日龄公母平均体重分别为973.18±38.43克，816.44±23.70克。6月龄半净膛屠宰率测定公母鸡分别为74.62%、74.54%。

固始鸡：该品种个体中等，外观清秀灵活，体型细致紧凑，结构匀称，羽毛丰满。羽色分浅黄、

黄色，少数黑羽和白羽。冠型分单冠和复冠两种。90日龄公鸡体重487.8克，母鸡体重355.1克，180日龄公母体重分别为1270克、966.7克，5月龄半净膛屠宰率公母分别为81.76%、80.16%。

艾维茵白羽肉鸡：艾维茵白羽肉鸡是美国艾维茵国际禽业有限公司培育的肉用鸡种，该品种是选用了产蛋高的母系鸡与成活率高、增重快的父系鸡育成的品系配套肉鸡。该鸡种的父母代种母鸡24周龄体重为2.57～2.72千克，66周龄体重为3.58～3.74千克。

彼德逊白羽肉鸡：彼德逊白羽肉鸡是美国彼德逊公司推出的白羽肉鸡品种。父母代种母鸡24周龄体重为2.57～2.68千克。

狄高红羽肉鸡：狄高红羽肉鸡澳大利亚狄高公司培育的肉用鸡种。父母代母鸡24周龄体重为2.5千克，66周龄体重为3～3.5千克。肉料比为1：1.77。

红波罗红羽肉鸡：红波罗红羽肉鸡又名红宝，是加拿大谢弗种鸡有限公司培育的红羽肉用鸡种。该品种具有黄喙、黄脚、黄皮肤的“三黄”特征。父母代母鸡24周龄体重2.22～2.38千克，66周龄体重3～3.2千克。肉料比1：2.2。

海佩科红羽肉鸡：海佩科红羽肉鸡荷兰培育的肉用鸡种。羽毛大部分为红色，杂有少许白羽。64周龄体重3.4～3.5千克，总耗料51.5～53.5千克。

◆鸽

鸽，亦称鸽子，属于鸟纲鸽形目鸠鸽科鸽属。一种多用途的家禽，主要用于肉食、体育竞翔和观赏。

鸽子是一种常见的鸟。世界各地广泛饲养，鸽是鸽形目鸠鸽科数百种鸟类的统称。我们平常所说的鸽子只是鸽属中的1种，而且是家鸽。鸽子和人类伴居已经有上千年的历史了，考古学家发现的第一副鸽子图像，来自于公元前3000年的美索不达米亚，也就是现在的伊拉克。美索不达米亚的苏美尔人首先开始驯养白鸽和其他野生鸽子，如今在很多城镇我们都能见到颜色各异的鸽群飞过。对于古代人来说白鸽太不可思议了，于是这种鸟儿受到了广泛的尊敬并被奉若神明。在整个的人类历史上，鸽子扮演过相当多的角色，从神的象征到祭祀牺牲品、信使、宠物、食物甚至是战争英雄。

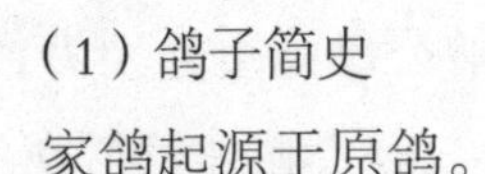

(1) 鸽子简史

家鸽起源于原鸽。在欧洲、东南亚、非洲和南北美洲等温带热带地区，至今仍有原鸽存在，并有不少特征与退化的家鸽相似。家鸽被认为是最早驯化的鸟类之一，考古学家发现公元前4500年美索不达米亚的艺术品和硬币上已镌有鸽子图像。公元前3000年左右的埃及菜谱上有关于鸽子烹调的记载，公元前1900年左右鸽子被指定为供奉上帝的祭品。16世纪阿拉伯人远道经商，都身带鸽子借以传书与家人联系。第一次世界大战时期，也流传过鸽子冒着枪林弹雨传送情报，使被困军队获救的佳话。我国相传在秦汉时代宫廷和民间已有人热衷于养鸽。唐代宰相张九龄曾让鸽子送信千里，即所谓“飞奴传书”。南宋皇帝赵构喜养鸽，“万鸽盘旋绕帝都，暮收朝放费工夫”的诗句至今脍炙人口。清代张万钟所著《鸽经》，是分类详细、记载丰富的一部早期养鸽著作。

（2）鸽子的生物学特性

鸽属中等体型鸟类，一般雄鸽比雌鸽大。羽毛紧凑，羽色有灰、白、红、黄、黑和雨点等。颈羽常有金属光泽，站立时姿势挺拔，喜群飞。鸽两眼炯炯有神，眼沙清晰，眼球外有眼环，内有瞬膜，平时开放，飞行时紧闭，以防水、防尘和保护视力。2月龄开始换主翼羽，每隔15至20天换一根，

常可据此估测幼鸽年龄。4月龄左右开始发情，5～6月龄可配种。以一雄一雌为配偶，雄鸽常发“咕咕”叫声。雌鸽配种后才产蛋，每窝一般产2蛋，每年可产6～8窝，平均相隔40～50天产一窝。孵化期17～18天。其适宜繁殖年龄为1～5岁，寿命一般10年左右。

（3）鸽子的类型与品种

鸽子经过长期的人工选育，约有300多个品种。按用途可分为肉用、通信用和观赏用3种类型。

①肉用鸽

肉用鸽指4周龄左右专供食用的乳鸽品种。特点是生长快，肉质好。我国饲养较多的有：

石岐鸽：石岐鸽原产我国广东省中山县石岐镇。1915年由华侨从美国带回的大型贺姆鸽、王鸽和仑替鸽等肉用鸽与当地鸽杂交育成。其体型较小，每年可产乳鸽7～9对，成年雄鸽重0.7～0.8千克，雌鸽重0.6～0.7千克，乳鸽重0.5～0.6千克。羽色较杂，有灰二线、白、红、黄、黑和雨点等多种。

王鸽：王鸽是世界著名肉鸽，育成于美国。其体型矮胖、嘴短而鼻瘤细小，头盖骨圆而向前隆起，尾短而翘，性情温驯。1932年美国王鸽协会宣布其标准体型为：身高30.5厘米，胸宽12.7厘米，尾尖至胸膛25.4厘米。我国1977年引进

的有白王鸽和银王鸽两个品系。白王鸽纯白色，1890年在美国新泽西州用仑替鸽、马耳他鸽、公爵夫人鸽和几种白色贺姆鸽杂交育成，成年雄鸽体重0.9～1.0千克，雌鸽重0.7～0.8千克，乳鸽体重0.7～0.8千克。银王鸽为灰色，翅膀上有两条黑线，1909年在美国加利福尼亚州用蒙腾鸽、与仑替鸽、马耳他鸽和几种大型灰色贺姆鸽杂交育成，体型比白王鸽大，生产性能亦较好。

②信鸽

信鸽能作长距离飞行，世界较著名的有50多个品种，大多以地名或培育人的姓名命名。比利时是现代信鸽的发源地，如比利时鸽一天可飞 800～1000千米，该品种曾对信鸽改良作出重要贡献，我国不少鸽种就有比利时鸽血统。其他如列日鸽、安特卫普鸽、布鲁塞尔鸽和华普利鸽等也都是名种。德国信鸽有摩亚和米勒等品种，其体型比较一致，小而紧凑，多数为深雨点。法国信鸽以赛翁较著名。日本信鸽主要是引进比利时的安特卫普信鸽与其他信鸽杂交改良育成，较有名的有南部系和松风系等。我国信鸽大多由比利时和德国引进的鸽子通过杂交培育而成，有的以人名命名，如李梅龄鸽；有的用地名命名，如台湾鸽；有的以羽色命名，如雨点、瓦灰、红绛等；有的在羽色前再冠以地名，以资区别，如镇江雨点和广州瓦灰等。

③观赏鸽

观赏鸽体型较小，一般体重约0.25～0.4千克，性情温顺，体型各异、千姿百态，动作奇巧，羽毛美丽，有红、黄、白、灰、黑等色。较著名的约有50多个品种，其中观赏价值较高的有：原产印度、育成于英国的披肩鸽(亦名吊巾鸽)，其颈部有一圈反生羽毛，状如披肩围巾；吹气鸽（亦称球胸鸽），以胸前有一状如气球的嗉囊为特征，体比一般鸽子约高一倍，脚上长长毛，摇头摆尾，动作有趣；扇尾鸽（亦称孔雀鸽），原产印度，育成于英、美两国，其尾羽展开似孔雀开屏，性情温顺，可放在手中或桌上玩赏；鹰头鸽，头圆，嘴短、眼睛明亮如老鹰，性情温顺，善解人意，易于训练，可作杂技表演。其他还有因会翻筋头而得名的筋斗鸽（包括地面筋斗鸽和空中筋斗鸽），以及喜鹊鸽、燕子

鸽和点子鸽等。

（4）鸽子的饲养管理

鸽子以植物性食物为生。谷类中的玉米、稻谷、小麦和高粱等，豆类中的豌豆、绿豆、蚕豆和杂豆等，都是良好饲料。饲粮配合中谷类可占2/3，豆类约占1/3。饲料中的蛋白质含量，哺育乳鸽期间的种鸽可占到18%左右，青年鸽为15%左右，同时适当配合砂粒、食盐、矿物质和多种维生素。采用混合颗粒饲料喂鸽，效果更好。肉鸽体型大，饲料消耗量较多；信鸽和观赏鸽约比肉鸽耗料少1/3。每日饲料消耗量可按其体重的1/10作粗略计算。此外，一只鸽子每天约须饮水30～60毫升。人工孵化和采用合成鸽乳喂乳鸽，可提高种鸽的繁殖率。

鸽舍的建筑应光线充足，保持干燥，同时注意防止猫、蛇、鼠等的侵害。种鸽舍面积8～10平方米，可养20～40对。每对种鸽需备两个巢箱，以便产蛋孵化和育雏时轮换使用。10～20平方米可养1～5月龄青年鸽50～100对。舍内主要设备是隔开的方形栖架箱，以便各有所居，防止互相争夺殴斗。繁殖商品乳鸽现多采用三层或四层的重叠式笼养，一对一笼，管理方便，可提高种鸽繁殖率和乳鸽增重速度。

趣味科普百花园

知名的鸽子广场

在许多大城市里，有些广场由于鸽子大量聚集而知名。在这些广场上的鸽子通常都与游客互动亲密，会停靠在游客的肩上、手上啄食饲料或面包，这些广场中最大的有下列地方：伦敦的特拉法加广场、阿姆斯特丹的大坝广场、雪梨的马丁广场、威尼斯的圣马可广场、贝尔格莱德的塔马登公园、我国济南的泉城广场等。

然而，这些广场鸽子也造成了不少粪便污染的问题，许多广场上的雕像都变得难以清洗，有时也会传出鸽子攻击游客的事件。在欧洲有不少的广场都开始架设“禁止喂鸽”的警告牌。

◆鹌 鹑

鹌鹑，古称鹑鸟、宛鹑、奔鹑，又名鹑，红面鹌鹑，赤喉鹑。为补益佳品。鹌鹑原是一种野生鸟类，体重只有100克左右，每年春后迁往北方，冬天飞回南方避寒，鹌鹑属鸡形目雉科鹌鹑属。鹌鹑肉味佳美，蛋亦可供食，很有营养价值。雄鸟性好搏斗，人们常用作斗禽。

鹌鹑是雉科中体形较小的一种。野生鹌鹑尾短翅长而尖，上体有黑色和棕色斑相间杂，具有浅黄色羽干纹，下体灰白色，颊和喉部赤褐色，嘴沿灰色，谢淡黄色。雌鸟与雄鸟颜色相似，分布广泛于我国四川、黑龙江、吉林、辽宁、青海、河北、河南、山东、山西、安徽、云南、福建、广东等地。

（1）鹌鹑的体形特征

鹌鹑为小型禽类，体长约16厘米。形似鸡雏，头小尾秃。嘴短小，黑褐色，虹膜栗褐色。头顶黑而具栗色的细斑，中央冠以白色条纹，两侧也有同色的纵纹，白嘴基越眼而达颈侧；额头侧及颏、喉等均淡砖红色。上背栗黄色，散有黑色横斑和蓝灰色的羽缘，并缀以棕白色羽干纹；两肩、下背、尾均黑色，而密布栗黄色纤维横斑，除尾羽外，并都具有蓝灰色羽丝缘；背面两侧各有一列棕白色大形羽干纹，级为鲜丽。两翼的内侧覆羽和飞羽淡橄榄褐色，杂以棕白色黑缘的细斑；初级飞羽大多暗褐而外翈缀以锈红色横斑。胸栗黄色，杂以近白色的纤细羽干纹。下体两侧转栗色，散布黑斑，并具较大的白色羽干纹，至下胁尤形宽阔而显著，腹以下近白。脚短，淡黄褐色。

（2）鹌鹑的分布范围

我国野生鹌鹑的普通亚种分布繁殖于东北地区及内蒙古自治区东北部，迁徙和越冬则遍布华东一带，南抵海南岛。鹌鹑知名亚种在新疆维吾尔自治区繁殖，迁徙至西藏自治区南部越冬。野生鹌鹑分布广泛，四川省产地有：成都、重庆、涪陵、乐山、南充、雅安、凉山、阿坝、甘孜等地。另外黑龙江、吉林、辽宁、青海、河北、河南、山东省的嘉祥贾桥村、山西、安徽、云南、福建、广东、海南岛及台湾等省区也有分布。我国1952年以来，引进鹌鹑家养品种，现已在黑龙江、吉林、辽宁、山西、陕西、河北、湖北、四川、江苏、广东等地有饲养基地。

（3）鹌鹑的生活习性

鹌鹑一般在平原、丘陵、沼泽、湖泊、溪流的草丛中生活，有时亦在灌木林活动。喜欢在水边草地上营巢，有时在灌木丛下作窝，巢构造简单，一般在地上挖一浅坑，铺上细草或植物技叶等，巢内垫物厚约1.5厘米，很松软，直径约10厘米，产蛋7～14个，卵呈黄褐色。鹌鹑主要以植物种子、幼芽、嫩枝为食，有时也吃昆虫及无脊椎动物。受惊时仅作短距离飞翔，又潜伏于草丛中，迁徙时多集群。

（4）鹌鹑的疾病防治

鹌鹑生长快，成熟期短，繁殖迅速，饲养鹌鹑比较简便，是农家致富的好门路。但是，鹌鹑在饲养过程中，容易发生疾病，要贯彻预防为主的方针，加强饲养管理，搞好日常的卫生防疫和检疫工作，提高群体的抗病力，杜绝和减少发病机会。鹌鹑常见的疾病有雏白痢、球虫病、溃疡性肠炎、白喉病等。现介绍其防治方法如下：

①雏白痢：雏白痢是常见危害大的细菌性传染病。病鹑精神萎靡，粪便呈白色浆糊状。在病鹑饲料中添加0.4%磺胺嘧啶或0.1%磺胺喹恶林均有一定效果。笼舍要保持清洁干燥，温度稳定，防止过密拥挤。

②球虫病：此病为肠道感染所引起的急性流行性疾病，病鹑羽毛松乱，粪便带血。可将磺胺甲基嘧啶或磺胺二甲基嘧啶按0.2%的比例拌入饲料或溶于饮水中，连服4～5日即可见效。

③溃疡性肠炎：这是家养鹌鹑的一种具有高度传染能力的疾病。鹌鹑弓背，双目紧闭，拉稀，双氢链霉素，泰乐菌素均为较好的治疗药物。四环素，呋喃类也有一

定疗效。

④白喉病：此病多发生在梅雨季节，病鹑眼肿流泪，食欲不振。可将0.1％的二甲氧基嘧啶钠粉拌喂或溶水饮用。同时还应把病鹑的头在0.5％的高锰酸钾溶液中清洗消毒，效果更好。

（5）鹌鹑的经济价值

鹌鹑肉和蛋营养价值高，含有丰富的蛋白质和维生素，既宴席上的佳肴，又是极好的营养补品。鹌鹑还可作药用和观赏鸟，长期食用对血管硬化、高血压、神经衰弱、结核病及肝炎都有一定疗效。据本草纲目记载鹌鹑肉能“补五脏，益中续气，实筋骨，耐寒暑，消结热”。据统计1966年前，我国每年向国外输出20多万只野生鹌鹑。从进行鹌鹑饲养后，由于鹌鹑产蛋高，一年可达300多个，具有生长快、成熟早、繁殖力强、容易饲养等特点，因此在一些省市鹌鹑饲养发展很快，现已成为最经济的家禽。中医传统理论认为鹌鹑去毛及内脏，取肉鲜用，壮筋骨、止泻、止痢、止咳。

鹌鹑是一种食用性很强的家禽，为人类提供了丰富的蛋白质食物鹌鹑肉和鹌鹑蛋，被人们加工成各种各样的食品在市场中出售，是最受人们喜爱的食品之一。鹌鹑蛋、肉营养丰富，蛋白质含量高，胆固醇含量低，鹌鹑肉细嫩，氨基酸丰富，并且还具有很多的药用价值，是我国市场一致公认的珍贵食品和滋补品，具有“动物人参”之称。

水禽简介

水禽包括鸭、鹅、鸿雁、灰雁等以水面为生活环境的禽类动物（其中，迁徙水鸟包括天鹅、雁鸭类和三种鹤：丹顶鹤、白枕鹤、蓑羽鹤）。水禽类的尾脂腺特别发达，此类候鸟大都在有水的地方，如湿地、岸边等活动，另外鸭群之水禽类善于在池塘中戏水。水禽类冬季的绒羽十分丰厚，它们主要在水中寻食，部分种类有迁徙的习性。

◆鸭

鸭是雁形目鸭科鸭亚科水禽的统称，或称真鸭。鸭的体型相对较小，颈短、嘴大。腿位于身体后侧，步态摇摇摆摆。鸭性情温驯，叫声和羽毛显示出性别差异。所有真鸭，除翘鼻麻鸭和海鸭外，都在头一年内性成熟，仅在繁殖季节成对，不像天鹅和雁那样成熟较晚且终生配对。肉和蛋供食用，绒毛可用来絮被子、羽绒服或填充枕头。一般的鸭通常指家鸭。

（1）鸭的简介

根据其不同生活方式，鸭可分为钻水鸭、潜水鸭和栖鸭三个主要类群。绿头鸭是大部分家鸭的祖先，是最受欢迎的猎禽之一。绿头鸭春天从南方飞到北方产卵，秋天再飞到南方越冬。它们被人类驯养后，便失去了迁徙的飞性，而且人们为了获得更多的鸭蛋，不让它们停产抱孵。时间一长，家鸭就失去了孵蛋的本领。栖鸭如莫斯科鸭，有长爪，是最喜欢树栖的鸭。潜水鸭包括最多海洋种类，如绒鸭、海番鸭，也包括秋沙鸭族。以赤麻鸭为典型的硬尾鸭族极多水栖，其特征是腿位于身体紧后方。啸鸭不是真鸭，而与雁和天鹅亲缘关系更密切。

鸭起源于凫。“凫”泛指野鸭，狭义指绿头鸭。家鸭的祖先除绿头鸭之外还包括斑嘴鸭，二者的外形和生活习性与河鸭属家鸭有相似之处，易于饲养，交配可产生后代，其驯化已有3000年的历史。最早的文字记载见于我国战国时期的《尸子》：“野鸭为凫。家鸭为鹜”。

家鸭的分布现遍及世界各国而集中于欧亚大陆。我国、印度尼西亚、印度和东南亚国家以饲养蛋用鸭为主，近年肉鸭也有较大发展。其他国家如苏联、法国、英国、联邦德国、巴西、波兰等国以生产肉鸭为主。北京鸭和北京鸭型的杂交肉鸭是现代肉鸭业的主要鸭种，在世界各地均

广泛饲养。

(2)鸭的生物学特征

鸭头大而圆，无冠和髯，喙长而扁平，上下腭边缘成锯齿状角质化突起，颈较长。其体躯宽长，呈船形，前驱昂起。羽毛丰满、翅较小而复翼羽较长。公鸭有钩状性羽，尾短，尾脂腺发达，腿短，第2、3、4趾间有蹼。

鸭的口叉深，食道大，能吞食较大的食团。鸭舌边缘分布有许多细小乳头，这些乳头与嘴板交错，具有过滤作用，使鸭能在水中捕捉到小鱼虾，并且有助于将食物适当磨碎。

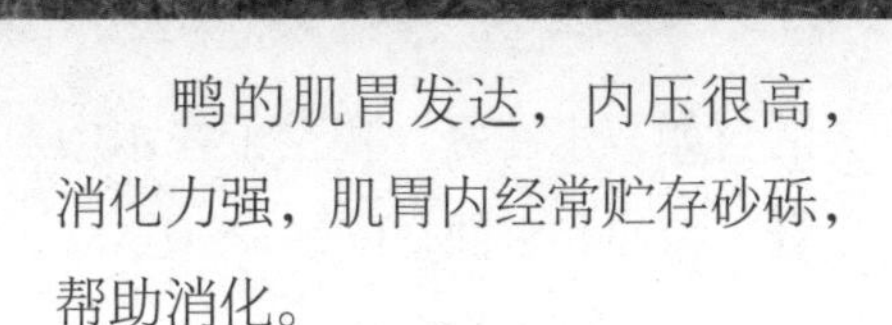

鸭的肌胃发达，内压很高，消化力强，肌胃内经常贮存砂砾，帮助消化。

成鸭的大部分体表覆盖着正羽，致密且多绒毛，保温性能好，对寒冷有强的抵抗力。羽色有与其祖先相似的麻雀羽以及白羽和黑羽等类型。雌、雄羽色差异明显，雄鸭羽色艳丽，在次级飞羽上有绿色、蓝色、铜绿色的翼镜，雌鸭羽色褐色具保护色，负责孵卵、育雏。

鸭性情温驯，胆小易惊，群居能和睦共处，争斗现象不明显。

鸭在陆地上行走，步履迟缓，在水中

灵活自如，水性好。鸭善于在水中觅食、嬉戏和求偶交配。

（3）鸭的分类

鸭有113种，可细分为六大类：

①麻鸭类：喜欢在潮间带泥滩地活动，雌、雄羽色差异细微，飞行时翼上大白斑为野外辨识特征。如花凫、凟凫等稀有麻鸭类。

②树栖鸭类：雌、雄羽色差异大，雄鸭鲜艳、雌鸭朴素。常见于溪流、湖泊，繁殖期会在树洞筑巢，鸳鸯是此类代表。

③浮水鸭类：喜欢在有植物生长、有缓坡的水域中活动。雄鸭羽色比雌鸭艳丽，常见他们在水面觅食或头下脚上的姿态在水中觅食。

④潜水鸭类：体型较圆，脚位置偏身体后方，不善于在陆地行走，可潜水觅食。起飞时需要在水面助跑才可完成起飞动作。青头潜鸭、凤头潜鸭属于此类。

⑤海鸭类：体型为流线型，嘴瘦长，边缘有锯齿，脚大、后趾发达具宽阔的瓣膜，适合潜入水中追捕鱼类。

⑥硬尾鸭类：尾硬而上翘，多栖于淡水湖泊，如白头硬尾鸭。

（4）家鸭的品种及特性

人类按照一定的经济目的，经过长期驯化和选择培育成三种用途的品种，即：肉用型、蛋用型和兼用型三种类型。

肉用型：具有代表性的是北京鸭、樱桃谷鸭、狄高鸭、番鸭、天府肉鸭等。

蛋用型：有绍兴鸭、金定鸭、攸县麻鸭、江南1号、江南2号、卡叽-康贝尔鸭等。

兼用型：有高邮鸭、建昌鸭、巢湖鸭、桂西鸭等。

肉用鸭体型大，体躯宽厚，肌肉丰满，肉质鲜美，性情温顺，行动迟钝。早期生长快，容易肥育。有代表性的有北京鸭、樱桃谷鸭、法国番鸭、奥白星鸭等。目前，比较适应市场的以法国番鸭、奥白星鸭等看好，突出的特点有肉质好、瘦肉率高、料

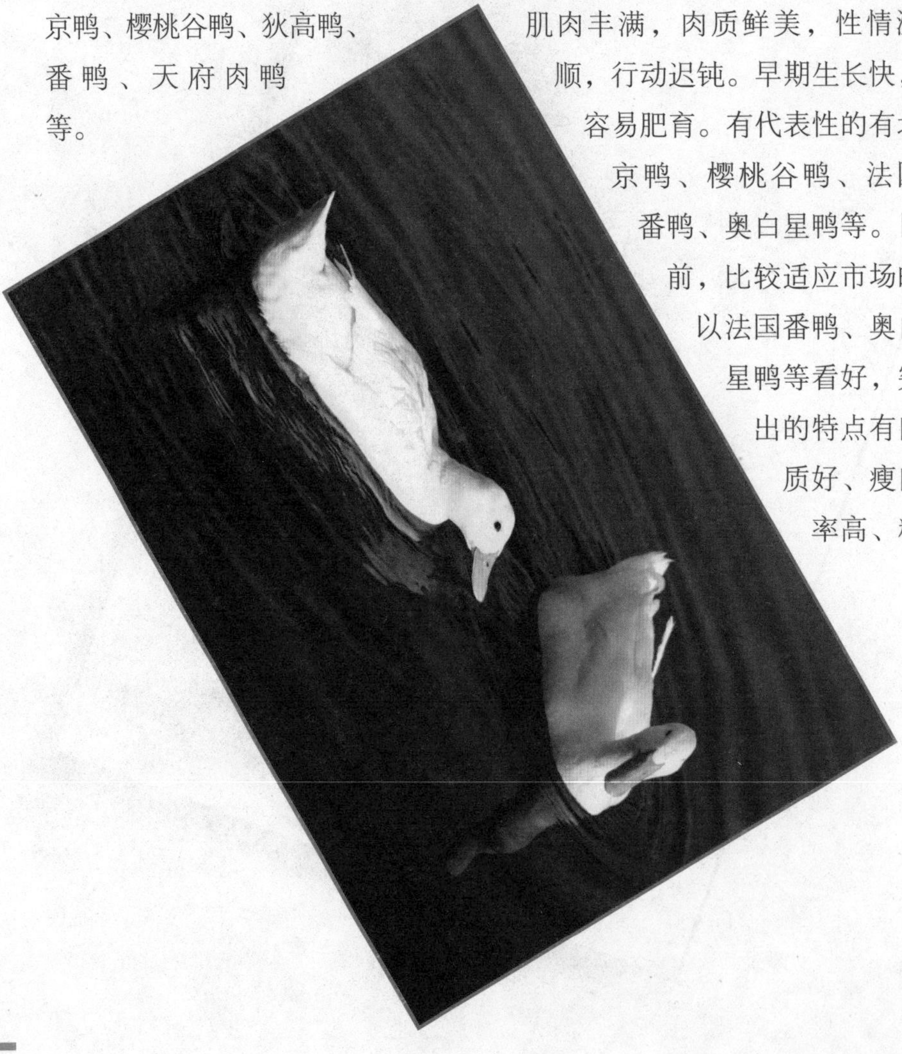

肉比低，抗病力强。如法国番鸭其肉质具野禽风味，胸腿肌占胴体27%～30%。在粗放条件下，育雏率和成活率高达95%～98%。

蛋用型鸭体型较小，体躯细长，羽毛紧密，行动灵活，性成熟早，产蛋量多，但蛋型小，肉质稍差。比较有代表性的有金定鸭、绍兴鸭、高邮鸭等。福建的金定鸭，年产蛋260～300枚，蛋重60～80克；其次是产于浙江的绍兴鸭和江苏的高邮鸭，其产蛋量亦在250枚左右。

①肉用鸭略述

北京鸭：北京鸭原产我国北京西郊，已有近300年的饲养历史，是世界著名的肉用型鸭品种。北京鸭是由绿头鸭驯化而来，是家鸭的优良品种之一。除北京外，还分布于天津、上海、广东、辽宁、黑龙江、内蒙古、山西、河南等地。1873年传去美国，后又经美国传至欧洲和日本等。该品种体型较大而紧凑匀称，头大颈粗，体宽、胸腹深、腿短，体躯呈长方形，前躯高昂，尾羽稍上翘。公鸭有钩状性羽，两翼紧附于体躯，羽毛纯白略带奶油光泽。喙和皮肤橙黄色，蹠蹼为橘红色。性情驯顺，易肥育，对各种饲养条件均表现较强的适应性。成年公鸭体重3～4千克，母鸭2.7～3.5千克，5～6月龄

开始产蛋，年产蛋180~210个，蛋重90~100克，蛋壳白色，受精率约90%，受精蛋孵化率约80%。雏鸭成活率可达90%~95%，7周龄体重可达2.5千克，优良配套系杂交鸭体重在3千克以上。饲料消耗比1∶3.5左右。为适应烤制加工的需要，仔鸭肥育长期以来采用填肥方式，故又称填鸭。由于体内脂肪和皮下脂肪大量沉积，可使用以加工的烤鸭鲜嫩多汁，外形美观。不用于烤制目的的北京鸭，一般采取自由采食方式饲养。北京鸭肉肥味美，驰名中外的北京烤鸭，就是用北京鸭烤制而成的。北京鸭已传入外国，世界各国都有分布。

樱桃谷鸭：樱桃谷鸭原产于英国，我国于20世纪80年代开始引入，建立了祖代场，是世界著名的瘦肉型鸭。具有生长快、瘦肉率

高、净肉率高和饲料转化率高，以及抗病力强等优点。

樱桃谷鸭体型较大，成年体重公鸭4.0～4.5千克，母鸭3.5～4.0千克。父母代群母鸭性成熟期26周龄，年平均产蛋210～220枚。白羽L系商品鸭47日龄体重3.0千克，料重比3∶1，瘦肉率达70%以上，胸肉率23.6%～24.7%。

狄高鸭：狄高鸭是澳大利亚狄高公司引入北京鸭、选育而成的大型配套系肉鸭。20世纪80年代引入我国，广东省华侨农场养有此鸭的父母代种鸭。1987年广东省南海县种鸭场引进狄高鸭父母代，生产的商品代鸭反映良好。

狄高鸭的外型与北京鸭相近似。雏鸭红羽黄色，脱换幼羽后，羽毛白色。头大稍长，颈粗，背长阔，胸宽，体躯稍长，胸肌丰满，尾稍翘起，性指羽2～4根；喙黄色，胫、蹼桔红色。

番鸭：番鸭又叫瘤头鸭、洋鸭、麝鸭，与一般家鸭同种不同属。番鸭主产于古田、福州市郊和龙海等地，分布于福清、莆田、晋江、长泰、龙岩、大田、浦城等市县。闽北主产区在古田县一带，饲养黑色番鸭，公鸭运销本省闽东、闽北各地，作生产“半番”之用。它的配种能力强，受精率高，所产“半番”体型大，长膘快。每逢新春繁殖季节，各地皆到古田选购公番鸭。

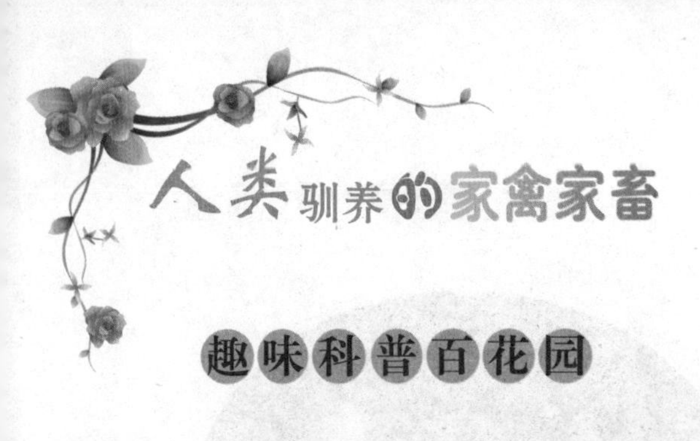

趣味科普百花园

番鸭小知识

相传早年嘉积镇加祥街一丁姓居民饲养的番鸭最为出名，其养鸭方法特别讲究：先是给小鸭仔喂食淡水小鱼虾或蚯蚓、蟑螂。约二个月后，小鸭羽毛渐丰时，再以小圈圈养，缩小其活动范围，用米饭、米糠掺和捏成小条填喂，20天后便长成肉鸭。据说这样养殖出来的鸭子肉嫩肥厚，皮白滑脆，皮肉之间夹一层薄脂肪，特别肥美。后来人人争相学习其喂养技术，嘉积鸭的名气也一天天大起来了。我国烹饪协会前年还在成都宣布嘉积鸭为首批评定的我国名菜。

嘉积鸭体型近似椭圆，成年公鸭很特别，红色的鸭冠像肉瘤一样布满整个头部，乍看还有些吓人。嘉积鸭体重最大的达十一二斤，比一般的白鹅还重，走起路来慢条斯理挺有风度，然而陌生人一旦走近它的地盘，它立刻会摇晃起脖子，嘴里发出沙沙的恐吓声。母鸭比公鸭小一轮，最重的也只有公鸭的一半，性情也比公鸭温和。放养的番鸭一般都喜欢在家门前后的树阴下生活，偶尔还会飞起来，最远的可达百米，有的甚至飞到房顶上。

②蛋用鸭略述

绍兴鸭：绍兴鸭又称绍兴麻鸭、浙江麻鸭、山种鸭，因原产地位于浙江旧绍兴府所辖的绍兴、萧山、诸暨等县而得名，是我国优良的高产蛋鸭品种。浙江省、上海市郊区及江苏的太湖地区为主要产区。目前，江西、福建、湖南、广东、黑龙江等十几个省均有分布。绍兴鸭根据毛色可分为红毛绿翼梢鸭和带圈白翼梢鸭两个类型。带圈白翼梢公鸭全身羽毛深褐色，头和颈上部羽毛墨绿色，有光泽。母鸭全身以浅褐色麻雀羽为基色，颈中间有2~4厘米宽的白色羽圈，主翼羽白色，腹部中下部羽毛白色。其虹彩灰蓝色，喙豆黑色，胫、蹼橘红色，爪白色，皮肤黄色。红毛绿翼梢公鸭全身羽毛以深褐色为主，头至颈部羽毛均呈墨绿色，有光泽。镜羽亦呈墨绿色，尾部性羽墨绿色，喙、胫、蹼均为橘红色。母鸭全身以深褐色为主，颈部无白圈，颈上部褐色，无麻点。镜羽墨绿色，有光泽。腹部褐麻，无白色，虹彩褐色，喙灰黄色或豆黑色，蹼橘黄色，爪黑色，皮肤黄色。红毛绿翼梢母鸭年产蛋为260~300枚，

300日龄蛋重70克；带圈白翼梢母鸭年产蛋250～290枚，蛋壳为玉白色，少数为白色或青绿色。体型小，成年体重1.50千克。红毛绿翼梢公鸭成年体重1.3千克，母鸭1.25千克；带圈白翼梢公鸭成年体重1.40千克，母鸭1.30千克。母鸭开产日龄为100～120天，公鸭性成熟日龄为110天左右。

金定鸭：金定鸭属麻鸭的一种，又称绿头鸭、华南鸭。金定鸭属蛋鸭品种，是福建传统的家禽良种。这种生蛋为主的优良卵用鸭主要产于龙海市紫泥镇，该镇有村名金定，养鸭历史有200多年，金定鸭因此得名。但现在正宗的金定鸭已经很少。

公鸭的头颈部羽毛有光泽，背部褐色，胸部红褐色，腹部灰白色，主尾羽黑褐色，性羽黑色并略上翘，喙黄绿色，颈、蹼橘黄色，爪黑色；母鸭全身披赤褐色麻雀羽，分布有大小不等的黑色斑点，背部羽毛从前向后逐渐加深，腹部羽毛较淡，颈部羽毛无斑点，翼羽深褐色，有镜羽，喙青黑色，胫、蹼橘黄色，爪黑色。

金定鸭具有产蛋多、蛋大、蛋壳青色、觅食力强、饲料转化率高和耐热抗寒特点。金定鸭的性情聪颖，体格强健，走动敏捷，觅食力强，尾脂腺较发达，羽毛防湿性强，适宜海滩放牧和在河流、池塘、稻田及平原放牧，也可舍内饲养。金定鸭与其他品种鸭进行生产性杂交，所获得的商品鸭不仅生命力强，成活率高，而且产蛋，产肉、饲料报酬较高。

攸县麻鸭：攸县麻鸭产于湖南省攸县境内的米水和沙河流域一带，以网岭、鸭塘浦、丫江桥、大同桥、新市、高和、石羊塘等地为中心产区。曾远销广东、贵

州、湖北、江西等省。攸县麻鸭是湖南著名的蛋鸭型地方品种。攸县麻鸭具有体型小、生长快、成熟早、产蛋多的优点，是一个适应于稻田放牧饲养的蛋鸭品种。

攸县麻鸭属小型蛋用品种。公鸭颈上部羽毛呈翠绿色，颈中部有白环，颈下部和前胸羽毛赤褐色，翼羽灰褐色，尾羽和性羽黑绿色。母鸭全身羽毛呈黄褐色麻雀羽，胫、蹼橙黄色，爪黑色。初生重为38克，成年体重公鸭为1170克，母鸭为1230克。屠宰测定：90日龄公鸭半净膛为84.85%，全净膛为70.66%，85日龄母鸭半净膛为82.8%，全净膛为71.6%。开产日龄100～110天，年产蛋200～250枚，蛋重为62克。蛋壳白色居多，占90%，壳厚0.36毫米，蛋形指数1.36。公母配种比例1∶25，种蛋受精率为94%左右。

江南1号与江南2号：江南1号鸭和江南2号鸭由浙江省农科院畜牧兽医研究所陈烈先生主持培育成的高产蛋鸭配套系，获得省科技进步二等奖。这两种鸭的特点是：产蛋率高，高峰持续期长，饲料利用率高，成熟较早，生活力强，适合

我国农村的饲养条件，现已推广至20多个省市。

江南1号母鸭成熟时平均体重1.6～1.7千克，产蛋率达90%时的日龄为210日龄前后。产蛋率达90%以上的高峰期可保持4～5个月，500日龄平均产蛋量305～310个，总蛋重21千克。江南2号母鸭成熟时平均体重1.6～1.7千克，产蛋率达90%时的日龄为180天前后。产蛋率达90%以上的高峰期可保持9个月左右，500日龄平均产蛋量325～330个，总蛋重21.5～22.0千克。

该配套系江南1号雏鸭黄褐色，成鸭羽深褐色，全身布满黑色大斑点。江南2号雏鸭绒毛颜色更深，褐色斑更多，全身羽浅褐色，并带有较细而明显的斑点。

卡叽–康贝尔鸭：卡叽–康贝尔鸭原在英国育成，现已遍布全国各地。卡叽–康贝尔鸭体型中等，体躯深长而结实，头部清秀，喙中等长，眼大而明亮，颈略细长，背宽广，胸部饱满，腹部发育良好而不下垂。两翼紧贴体躯，两脚中等长，站距较宽。卡叽–康贝尔鸭的羽毛，公鸭的头、颈、尾和翼肩都呈青铜色，有光泽，其余羽毛深褐色，喙绿蓝色，胫和蹼深橘红色。母鸭的羽毛褐色，有深浅之别，头和颈部色较深，翼黄褐色，喙绿色或浅黑色，胫和蹼深褐色。

卡叽-康贝尔鸭公鸭体重为2.3~2.5千克，母鸭体重为2.0~2.3千克。母鸭年产蛋量约260个以上，蛋壳白色，蛋重约70克。

③兼用型鸭略述

高邮鸭：高邮鸭是较大型的蛋肉兼用型麻鸭品种。原产于我国江苏高邮、宝应、兴华一带，分布于江苏北部京杭运河沿岸的里下河地区。高邮鸭属大型麻鸭，肉蛋兼用型。近年来在广州、云南、贵州、湖南、重庆、江西等地均有饲养。该品种觅食能力强，善潜水，适于放牧。背阔肩宽胸深，体躯长方形。

公鸭背宽、胸深、体躯长方形。头和颈上部羽毛深绿色，背、腰、胸部褐色，臀部黑色，腹部白色。喙青绿，胫蹼橘红色，虹彩深褐色。母鸭颈细长，羽毛紧密，胸宽深，全身为麻雀色羽，斑纹细小。成年公鸭体重2.3~2.4千克，母鸭2.6~2.7千克。母鸭年产蛋140~160枚，平均蛋重有75.9克。公母配种比率为1.25：30，受精率90%以上，种蛋孵化率85%。商品代4周龄体重达0.5~0.56千克，3月龄体重1.4~1.5千克。成年鸭半净膛屠宰率70%。

建昌鸭：建昌鸭是麻鸭类型

中肉用性能较好的品种，以生产大肥肝而闻名，故有“大肝鸭”的美称。主产于四川省凉山彝族自治州境内的安宁河谷地带的西昌、德昌、冕宁、米易和会理等县市。西昌古称建昌，因而得名建昌鸭。由于当地素有腌制板鸭，填肥取肝和食用鸭油的习惯，因而促进了建昌鸭肉用性能及肥肝性能的提高。该鸭体躯宽深，头大颈。公鸭头和颈上部羽毛墨绿色而有光泽，颈下部有白色环状羽带。胸、背红褐色，腹部银灰色，尾羽黑色。喙黄绿色，胫、蹼橘红色。母鸭羽色以浅麻色和深麻色为主，浅麻雀羽居多，约占65%～70%，喙橘黄，胫、蹼橘红色。除麻雀羽色外，约有15%的白胸黑鸭，这种类型的公、母鸭羽色相同，全身黑色，颈下部至前胸的羽毛白色，喙、胫、蹼黑色。母鸭开产日龄为150～180天，年产蛋150枚左右。蛋重72～73克，蛋壳有青、白两种，青壳约占60%～70%。成年公鸭体重2.2～2.6千克，母鸭2.0～2.1千克。

巢湖鸭：巢湖鸭主要产于安徽省中部，巢湖周围的庐江、居

巢、肥西、肥东等县区。巢湖鸭具有体质健壮、行动敏捷、抗逆性和觅食性能强等特点，是制作无为熏鸭和南京板鸭的良好材料。

巢湖鸭的体型中等大小，体躯长方形，匀称紧凑。公鸭的头和颈上部羽色黑绿，有光泽，前胸和背腰部羽毛褐色，缀有黑色条斑，腹部白色，尾部黑色。喙黄绿色，虹彩褐色，胫、蹼橘红色，爪黑色。母鸭全身羽毛浅褐色，缀黑色细花纹，称浅麻细花，翼部有蓝绿色镜羽，眼上方有白色或浅黄色的眉纹。

桂西鸭：桂西鸭是大型麻鸭品种，主产于广西的靖西、德保、那坡等地。羽色有深麻、浅麻和黑背白腹3种，分别被当地群众称作“马鸭”“风鸭”和“乌鸭”。开产日龄为130～150天，年产蛋量140～150枚。蛋重80～85克，蛋壳以白色为主，成年鸭体重2.4～2.7千克。

趣味科普百花园

怎样识别鸭的性别

喂蛋用型鸭需要母鸭，喂肉用型鸭公母分别饲养利于管理。因此，雏鸭的性别鉴定具有一定的经济价值。

（1）外形鉴别法：一般头大，鼻孔窄小，沿嘴甲呈线状，身体圆，尾巴尖的是公鸭，而头小，鼻孔较大略呈圆形，身体扁，尾巴散开的是母鸭。

（2）鸣管鉴别法：鸣管又称下喉，位于气管分叉的顶部。公鸭在此处有一个膨大的球状鼓室，直径为3～4毫米，从体外胸前可以摸出，母鸭无此鸣管。

（3）摸肛鉴别法：左手托住初生雏鸭，使其背朝天，腹朝下，以大拇指和食指轻夹颈部，用右手大拇指和食指轻轻平提肛门下方，先向前按，随着向后退。如感触到有其麻粒或油菜籽大小的突出之物，是公雏鸭，否则则为母雏鸭。

（4）翻肛鉴别法：将初生雏鸭握在左手中，用中指和无名指夹住鸭的颈部，头向外，腹朝上，成仰卧势。然后用右手大拇指和食指分开肛门旁边的羽毛挤出胎粪，轻轻地将肛门张开，并使其外翻。公雏鸭可见到长约4毫米的突起物（阴茎），母鸭则无，或仅有残留痕迹。

◆鹅

鹅是人们饲养的最大家禽。已有四千多年历史，它是灰雁和原鹅改良的品种。它体色呈白色和灰色，额部有橙黄色或黑褐色肉质突起，雄的突起较大，像戴了顶帽子，颈长，嘴扁而阔，脚上趾间有蹼。鹅属于雁型目类能漂浮于水面的游禽，喜欢在水中生活，以青草等粗饲料为主。它身躯庞大，完全失去飞行能力，在地上行走不便，但在池塘或在河流中却能自如畅游。鹅遇到生人或生人进出主人家门就会鸣叫，甚至跑过来用喙拧上一口，这就是保护性或防护性的反应。

鹅是鸟纲雁形目鸭科动物的一种。鸭科动物繁杂，我们常说的大雁、天鹅、鸭、鸳鸯等都是鸭科动物。这些动物中的一些被人类驯化成的家禽，如绿头鸭驯化成了家鸭，鸿雁驯化成了我国家鹅，灰雁驯化成了欧洲家鹅，疣鼻栖鸭驯化成了番鸭。这些成员外形和习性各异：有些食植物，有些则食鱼；有些只能飘浮在水面上，有些则擅长潜水；有些是飞行能力最强的鸟类之一，有些则不善于飞行。有几种天鹅如疣鼻天鹅和大天鹅是体型最大的游禽，也是体型最大的飞禽之一。疣鼻天鹅也是最优雅的鸟类，常见于欧洲的公园中，但是我国不太常见。家鹅的祖先是雁，大约在三四千年前人类已经驯养，现在世界各地均有饲养。

趣味科普百花园

鹅的食疗作用

鹅肉性平、味甘，归脾、肺经，具有益气补虚、和胃止渴、止咳化痰，解铅毒等作用。

①适宜身体虚弱、气血不足，营养不良之人食用。

②补虚益气，暖胃生津。凡经常口渴、乏力、气短、食欲不振者，可常喝鹅汤，吃鹅肉，这样既可补充老年糖尿病患者营养，又可控制病情发展。

③还可治疗和预防咳嗽病症，尤其对治疗感冒和急慢性气管炎、慢性肾炎、老年浮肿。

④治肺气肿、哮喘痰壅有良效。特别适合在冬季进补。

⑤而鹅血、鹅胆、鹅肫等制成的鹅血片、鹅血清、胆红素、去氧鹅胆酸芋药品，可用于癌症、胆结石等疾病的治疗。

（1）鹅的形态

鹅是家禽的一种，比鸭大，额部有肉瘤，头大、颈长，喙扁而阔，身体宽壮，龙骨长，胸部丰满，尾短，脚大有蹼。鹅寿命较其他家禽长，体重4至15千克。羽毛白色或灰色。能游泳，吃谷物、青草、蔬菜、鱼虾等。其耐寒，合群性及抗病力强，肉和蛋可以吃。

鹅的生长期快，卵化期一个月。栖息于池塘等水域附近，善于游泳。主要品种有狮头鹅、太湖鹅等。

（2）鹅的品种

鹅的主要产品为毛、肉、蛋、肥肝等，虽然各种鹅均生产这些产品，但不同品种的鹅的生产用途有所不同。现将鹅的品种简要介绍如下：

羽绒用型：各品种的鹅均产羽绒，但以皖西白鹅的羽绒洁白、绒朵大而品质最好，因此价格也高。但皖西白鹅的缺点是产蛋较少，繁殖性能差，如以肉毛兼用为主，可引入四川白鹅、莱茵鹅等进行杂交。

蛋用型：我国豁眼鹅（山东叫五龙鹅）、籽鹅是世

界上产蛋量最多的鹅种，一般年产蛋可达14千克左右，饲养较好的高产个体可达20千克。这两种鹅个体相对较小，除产蛋用外，还可利用该鹅作母本，与体型较大的鹅种进行杂交生产肉鹅。

肉用型：凡仔鹅60～70日龄体重达3千克以上的鹅种均适宜作肉用鹅。这类鹅主要有四川白鹅、皖西白鹅、浙东白鹅、长白鹅、固始鹅以及引进的莱茵鹅等。这类鹅多属中、大型鹅种，其特点是早期增重快。

肥肝用型：这类鹅引进品种主要有朗德鹅、图卢兹鹅，国内品种主要有狮头鹅、溆浦鹅。这类鹅经填饲后的肥肝重达600克以上，优异的则达1000克以上。

①羽绒用型鹅

皖西白鹅：每种种类的鹅均产羽绒，但在鹅的品种中，皖西白鹅的羽绒洁白、绒朵大、品质最好。因此客商收购活鹅时，在相同体重的白鹅中，往往皖西白鹅的价格要高。特别是活鹅拔毛时，更应选择这一品种。

皖西白鹅中心产区位于安徽省西部丘陵山区和河南省固始一带，主要分布皖西的霍丘、寿县、六安、等县市。

皖西白鹅体型中等，体态高昂，气质英武，颈长呈弓形，胸深广，背宽平。全身羽毛洁白，头顶肉瘤呈橘黄色，圆而光滑无皱褶，喙橘黄色，喙端色较淡，虹彩灰蓝色，胫、蹼均为橘红色，爪白色，约6%的鹅颌下带有咽袋。少数个体头颈后部有球形羽束，即顶心毛。公鹅肉瘤大而突出，颈粗长有力，母鹅颈较细短，腹部轻微下垂。皖西白鹅的类型有：有咽袋腹皱褶多，有咽袋腹皱褶少，无咽袋有腹皱褶，无咽袋无腹皱褶等。

莱茵鹅：莱茵鹅原产于德国的莱茵河流域，经法国克里莫公司选育，成为世界著名肉毛兼用型品种。莱茵鹅的特征是初生雏鹅背面羽毛为灰褐色，从2周龄开始逐渐转为白色，至6周龄时已为全身白羽。莱茵鹅以产蛋量高著称。该品种适应性强，食性广，能大量采食玉米、豆叶、花生叶等。莱茵鹅肉鲜嫩，营养丰富，口味独特，是深受人们喜爱的食品。莱茵鹅羽毛的含绒量高，是制作高档衣被的良好原料。

莱茵鹅体型中等，体高31.5厘米，体长37.5厘米，胸围66.0厘米。初生雏绒毛为黄褐色，随着生长周龄增加而逐渐变白，至6周龄时变为白色羽毛。喙、胫、蹼均为桔黄色。头上无肉瘤，颌下无皮褶，颈粗短而直。

母鹅开产日龄在210至240天，生产周期与季节特征和气候条件有关，正常产蛋期在1月至6月末，年产蛋50至60枚，平均蛋重在150～190克，莱茵鹅种用期为4年。种蛋受精率为75%，受精蛋孵化率为80%～85%。雏鹅成活率高，达99.2%。莱茵鹅能在陆上配种，也能在水中配种。

莱茵鹅适宜大群饲养，引入我国后作为父本与国内鹅种杂交生产肉用杂种仔鹅，杂种仔鹅的8周龄体重可达3～3.5千克，是理想的肉用杂交父本。

趣味科普百花园

皖西白鹅生产性能

产肉：成年公鹅体重6.12千克，母鹅5.56千克。屠宰测定，公鹅半净膛为78％，全净膛为70％；母鹅半净膛为80％，全净膛为72％。

产蛋：母鹅开产日龄一般为6月龄，产蛋多集中在1月及4月。皖西白鹅繁殖季节性强，时间集中。一般母鹅年产两期蛋，年产蛋25枚左右，约3％～4％的母鹅可连产蛋30至50枚，群众称之为常蛋鹅。平均蛋重142克，蛋壳白色，蛋形指数1.47，母鹅就巢性强。公母配种比例1:4～1:5，种蛋受精率为88％以上。

产毛：皖西白鹅羽绒质量好，一只鹅产绒349克，尤以绒毛的绒朵大而著称。

皖西白鹅已列入《全国家禽品种志》，肉质鲜美，羽绒质量极佳，绒朵大，膨松度高，堪称世界之最。

②蛋用型鹅

豁眼鹅：豁眼鹅原产于山东莱阳，由于历史上曾有大批的山东移民移居东北时将这种鹅带往东北，因而东北三省现已是豁眼鹅的分布区，以辽宁昌图饲养最多，俗称昌图豁鹅。近年来豁眼鹅也已被引至全国多个省、区，豁眼鹅是我国白色鹅种中的小型鹅。豁眼鹅体型紧凑轻小，额前有一光滑肉瘤。眼呈三角形，上眼睑有一疤状缺口，这是该鹅名称的由来，也是该鹅独有的特征。

豁眼鹅全身的羽毛为白色，喙、肉瘤、胫、蹼均为桔红色，颈呈弓形，颌下偶有咽袋，体躯呈蛋圆形，背平宽，胸丰满，前躯挺拔。成年公母鹅的体重、体尺因产地不同而存在地区性差异。公鹅的体重范围为3.72～4.6千克，母鹅则在3.1～3.8千克之间。体斜长分别为26.0～31.6厘米和24.2～29.1厘米，胸宽分别为5.7～10.3厘米和5.4～8.8厘米，龙骨长分别为15.73～17.32厘米和14.8～15.5厘米。

豁眼鹅的初生重公母分别为70～77.7克和68.4～78.5克，60日龄重分别为1387.5～1479.9克和884.3～1523.3克，90日龄重分别为

1906.3～2468.8克和1787.5～1883.3克。在半放牧条件下豁眼鹅一般5月龄上市屠宰，此时的半净膛屠宰率和全净膛屠宰率公鹅分别为78.3%～81.2%和70.3%～72.6%，母鹅则分别为75.6%～81.2%和69.3%～71.2%。豁眼鹅一般在7至8月龄时配种产蛋。

在放牧条件下，豁眼鹅年产蛋可达80枚左右，半放牧条件下可达100枚，饲料条件好时更可高达120至130枚，蛋重120～130克。无就巢性，母鹅的使用年限仅限于3年以内。种蛋的受精率为85%左右，受精蛋孵化率为80%～85%，4周龄时的雏鹅存活率为92%。豁眼鹅的羽绒洁白，但绒絮稍短，肥肝性能略好于太湖鹅。豁眼鹅的特点是抗寒能力极强，极耐恶劣的环境和饲料条件。其产蛋量是世界上最高的，因此，是理想的杂交用母本品种。

籽鹅：籽鹅的中心产区位于黑龙江省绥北和松花江地区，其中肇东、肇源、肇州等地最多，黑龙江全省各地均有分布。因产蛋多，群众称其为籽鹅。该鹅种具有耐寒、耐粗饲和产蛋能力强的特点。目前吉林省正方农牧发展有限公司育种中心下设籽鹅原种场。

籽鹅体型较小，紧凑，略显长圆形。羽毛白色，一般头顶有缨，又叫顶心毛，颈细长，肉瘤较小，颌下偶有垂皮，即咽袋，但较小。喙、胫、蹼皆为橙黄色，虹彩为蓝灰色，腹部一般不下垂。籽鹅一般年产蛋在100枚以上，多的可达180枚，蛋重平均131.1克，最大153克，蛋形指数为1.43。

籽鹅的生长速度与产肉性能：籽鹅初生公雏体重89克，母雏85克；56日龄公鹅体重2958克，母鹅2575克；70日龄公鹅体重3275克，母鹅2860克；成年公鹅体重4000～4500克，母鹅3000～3500克。70日龄半净膛率分别为78.02%和80.19%，全净膛率分别为69.47%和71.30%，胸肌率11.27%和12.39%，腿肌率21.93%和20.87%，腹脂率0.34%和0.38%；24周龄公母鹅半净膛率分别为83.15%和82.91%，全净膛率78.15%和79.60%，胸肌率19.20%和19.67%，腿肌率21.30%和18.99%，腹脂率1.56%和4.25%。

籽鹅的繁殖性能：母鹅开产日龄为180～210天。公母鹅配种比例1:5～1:7，籽鹅喜欢在水中配

种，受精率在90%以上，受精蛋孵化率均在90%以上，高的可达98%。

③肉用型鹅

浙东白鹅：浙东白鹅主要产于浙江省东部，据1980年不完全统计，浙东白鹅年饲养量达130多万只。

浙东白鹅中等体型，结构紧凑，体躯长方形和长尖形两类，全身羽毛白色，额部有肉瘤，颈细长腿粗壮。喙、蹼幼时橘黄色，成年后橘红色，爪白色。初生重为105克，成年重公鹅为5044克，母鹅为3985.5克。屠宰测定：70日龄半净膛为81.1%，全净膛为72.0%。150日龄开产，年产蛋40枚左右，平均蛋重为149.1克，壳白色。公母配种比例1∶10，种蛋受精率为90%以上。

长乐鹅：长乐鹅只要分布于福建省的长乐市。1980年统计有种鹅1.25万只，年饲养量2.73万只。

长乐鹅的羽毛灰褐色，纯白色的很少，成年鹅从头到颈部的背面，有一条深褐色的羽带，与背、尾部的褐色羽区相连，皮肤黄色或白色。喙黑色或黄色，肉瘤多黑色，胫、蹼黄色。初生重为99.4克，成年体重公鹅为4.38千克，母

鹅为4.19千克。长乐鹅年产蛋30至40枚，蛋重为153克，壳白色，蛋形指数1.4。公母配种比例1∶6，种蛋受精率为80%以上。

溆浦鹅：溆浦鹅主要分布于湖南沅水支流的溆水两岸，1980年统计有种鹅5400只，年饲养量达8万只。

溆浦鹅的体型高大，体质结实，羽毛着生紧密，体躯稍长，有白、灰两种颜色。以白鹅居多，灰鹅背、尾、颈部为灰褐色。腹部白色。头上有肉瘤，胫、蹼呈橘红色。白鹅喙、肉瘤、胫、蹼橘黄色，灰鹅喙、肉瘤黑色，胫、蹼橘红色。初生重为122克，成年体重公鹅为5890克，母鹅为5330克。

④肥肝用型鹅

朗德鹅：朗德鹅又名灰天鹅，来源于灰雁，原产于法国西南部的朗德地区，以优良的肥肝性能著称于世。

朗德鹅为中型鹅，体躯丰满，羽毛灰褐色，在颈部接近黑色，腹部毛色较浅呈银灰色，腿健

壮。成年公鹅体重7～8千克，6月龄即性成熟，开始配种的年龄在10～12月龄。母鹅体重6～7千克，9～10月龄开产，蛋重达150克以上时开始配种，交配在水面进行。母鹅产蛋高峰期4～5年，第1年产蛋25枚，第2至4年每年产蛋35枚，蛋重200克左右，种蛋孵化期31天，受精率86%以上，孵化率90%以上，公母配比1∶3，一般种鹅利用4年后淘汰。

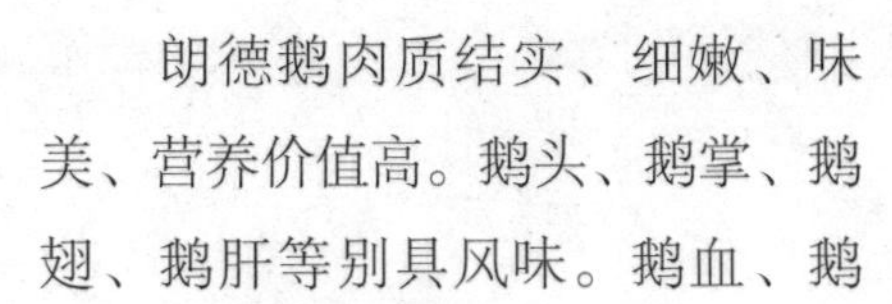

朗德鹅肉质结实、细嫩、味美、营养价值高。鹅头、鹅掌、鹅翅、鹅肝等别具风味。鹅血、鹅胆、鹅掌黄皮、鹅肝等可制成多种抗癌保健药物和抗生素药物。其羽毛产量较高，一年可拔羽毛两次，可产羽毛绒350～450克，且羽毛绒质地柔软。

朗德鹅主要生产肥肝，成鹅长到7千克时，进行“填鸭式”人工集中育肥，可使鹅肝重量达到750克以上，达到A级标准。鹅肝中含有大量对人体有益的不饱和脂肪和多种维生素，最适于儿童和老年人食用，被称为“世界绿色食品

之王”。

图卢兹鹅：图卢兹鹅原产于法国西南部图卢兹镇，其头大、喙尖、颈粗短、体宽而深，咽袋与腹袋发达，羽色灰褐色，腹部红色，喙、胫、蹼呈桔红色，胸部宽深，腿短而粗。颌下有皮肤下垂形成的咽袋，腹下有腹皱，咽袋与腹皱均发达。羽毛灰色，着生蓬松，头部灰色，颈背深灰，胸部浅灰，腹部白色。翼部羽深灰色带浅色镶边，尾羽灰白色。喙橘黄色，腿橘红色。眼深褐色或红褐色。

成年图卢兹公鹅体重12000～14000克，母鹅9000～10000克，60日龄仔鹅平均体重为3900克。产肉多，但肌肉纤维较粗，肉质欠佳。易沉积脂肪，用于生产肥肝和鹅油，强制填肥每只鹅平均肥肝重可达1000克以上，最大肥肝重达1800克。

趣味科普百花园

朗德鹅的特点

生活力强：朗德鹅不仅抗病力强，常见的疾病比鸡少1/3。若对种母鹅进行小鹅瘟免疫注射后，雏鹅的成活率达93%以上。其羽毛发达，耐寒，能经受零下25℃～30℃严寒，且在冬季仍可产蛋，凡有水有草的地方均能饲养。

耐粗饲：朗德鹅是一种利用含纤维较高的粗饲料的家禽。饲养朗德鹅主要以半放牧或全放牧为主，补喂配合饲料。一般饲料中80%为草料，20%为玉米粉、米糠、麸皮等配合饲料。农村中常见的玉米秆、红薯秧、花生秧、各种蔬菜、杂草等都是很好的饲料。若规模饲养，应种植牧草放养。

合群性强：朗德鹅具有很强的合群性，常是多只聚集在一起，每群都有公鹅作头鹅，带领鹅群寻找水源、牧地。利用朗德鹅合群性特点，可进行少数人饲养管理的大群生产，一般以250～300只为一个放牧群。

生长快：朗德鹅早期生长速度快，在正常饲养管理条件下，30日龄时体重可达1.5千克，70日龄体重达3.5千克，90日龄体重达4～5千克，200日龄体重达到6～8千克。据测定，每千克增重仅消耗1千克左右的精饲料，可谓是消耗精饲料最少的家禽。

（3）鹅的营养分析

鹅是食草动物，鹅肉是理想的高蛋白、低脂肪、低胆固醇的营养健康食品。鹅肉含蛋白质，钙，磷，还含有钾、钠等十多种微量元素。其中蛋白质的含量很高，同时富含人体必需的多种维生素、微量元素矿物质，并且脂肪含量很低。鹅肉营养丰富，不饱和脂肪酸含量高，对人体健康十分有利。

鹅肉含有人体生长发育所必需的各种氨基酸，其组成接近人体所需氨基酸的比例。从生物学价值上来看，鹅肉是全价蛋白质和优质蛋白质的来源。鹅肉具有益气补虚、和胃止渴、止咳化痰，解铅毒等作用，适宜身体虚弱、气血不足、营养不良之人食用。鹅肉中的脂肪含量较低，仅比鸡肉高一点，比其他肉要低得多。鹅肉不仅脂肪含量低，而且品质好，特别是亚麻酸含量均超过其他肉类，对人体健康有利。鹅肉脂肪的熔点亦很低，质地柔软，容易被人体消化吸收。

鹅肉还可补虚益气，暖胃生津，凡经常口渴、乏力、气短、食欲不振者，可常喝鹅汤，吃鹅肉，这样既可补充老年糖尿病患者营养，又可控制病情发展，还可治疗和预防咳嗽病症，尤其对治疗感冒和急慢性气管炎、慢性肾炎、老年浮肿；治肺气肿、哮喘痰壅有良效，特别适合在冬季进补。同时鹅肉作为绿色食品于2002年被联合国粮农组织列为21世纪重点发展的绿色食品之一。

第二章 畅谈家畜

家畜一般是指由人类饲养驯化，且可以人为控制其繁殖的动物，如猪、驴、牛、羊、马、骆驼、家兔、猫、狗等，一般用于食用、劳役、毛皮、宠物、实验等功能。

另一种较狭义的家畜，是指相对于鸟类动物的家禽而言的哺乳动物，亦即将鸡、鸭等排除在外。除此之外，哺乳类和鸟类之外的鱼类、昆虫等也通常不被视为家畜。

人类最早饲养家畜最早起源于一万多年前，代表了人类走向文明的重要发展之一，家畜的饲养为人类提供了较稳定的食物来源。一般较常见的家畜饲养方式有舍饲、圈饲、系养、放牧等。

家畜在我国的农业文化中是一个重要的概念，有着悠久的历史，在我国的传统观念中，家畜兴旺代表着家族人丁兴旺、吉祥美好。如春节时人们一般都会提“六畜兴旺”。

本章将为大家介绍有关家畜如马、牛、羊等的相关知识，希望通过本章大家对家畜有更深的了解。

家畜概述

家畜一般是指由人类饲养使之繁殖而利用，有利于农业生产的畜类。广义说，也包含观赏动物。另外“畜”最初是兽类，但一般把其他的动物种类（家禽、蜜蜂等）也统称为家畜。唯实验用动物和观赏用的小鸟类，一般则不称为家畜。现在的主要家畜都认为是由有史以前的野生动物驯养而来，但其起源和经过有许多是不清楚的。狗是最古的驯养动物，从旧石器时代起就已经有了，及至新石器时代，则有其他家畜饲养。这从居住湖滨

的民族遗迹中的遗骨可以看出，有所谓“泥炭牛”“泥炭羊”等，以后到了青铜时代似乎马也成了家畜，而史后野生动物的家畜化则有火鸡等例。家畜与其祖先原种的关系，一般是根据骨（特别头骨）等的形态学特征、染色体的数目和形状以及血清反应等进行研究的。近于家畜祖先的动物如黄牛、马、绵羊、山羊、猪、家兔等。

中药预防家畜四季疾病

由于我国四季气候不同，两季之间气温变化明显，如果此时家畜（牛、马、羊、驴）自身的调节功能不利，均可对其造成一定危害，导致发生各种疾病，影响家畜的生长发育，甚至造成损失。如果能根据各季的气候特点及疾病的发生规律，在其发病之前进行有针对性的药物预防，则可以有效地预防多种常见病、多发病的发生。用中药预防家畜四季疾病方法简单，经济而又有效实用。

◆春季中药预防

春季春季气候转暖，万物复苏，但此时也是多种疾病复发的季节。此时畜体的新陈代谢刚开始

增强，各种致病菌也开始活跃。由于此时畜体的抗病力尚未完全得到恢复，抗病能力仍较弱。因此，此时应及时疏通畜体代谢“通道”，预防各种疾病的发生，以免造成损失，为此家畜应及时服用茵陈散。

药方：茵陈、桔梗、木通、苍术、连翘、柴胡、升麻、防风、槟榔、陈皮、青皮、泽兰、荆芥、当归等适量（根据具体的家畜大小决定用量，具体用量可询问当地的畜牧师），以二丑、麻油为引。

用法：开水冲服或水煎灌服，一般一次即可。

药理药性：该方具有解表理气、清热利水、消炎利胆之功效。因春季易发“胆胀”而致黄疸，故以茵陈为主而退黄。又因冬春草枯、畜体乏瘦，北方春季易发生消化道秘结，故用麻油为引以疏通肠道，对马、驴“结症”及羊“百叶干”具有良好的防治效果。牧区牛、羊由枯草场转入芽草场而出现“跑青”，畜体易发生代谢障碍而腹泻，故以苍术、木通、二丑渗湿利水而止泻。方中的槟榔对春季的寄生虫有驱杀作用，解表理气药物及清热利水药物对家畜皮肤脱毛换新，对消化、呼吸、循环及泌尿等系统的新陈代谢均有良好的促进作用。

◆夏季中药预防

夏季夏季天气炎热，如果管理不善，家畜极易患痈、癀、疮、

肿等瘟毒症及肺经积热诸症。应清热泻火、抗菌消炎，所以家畜应及时服用消黄散。

药方：花粉、连翘、黄连、黄芩、黄柏、二母、栀子、二药、郁金、大黄、甘草。

用法：研末冲服或水煎服。

药理药性："黄芩""二母""二药""连翘"具有清热泻肺火而止咳之功效，黄连泻心火，黄柏泻肾火，栀子泻全身之火。因热邪易伤津，所以以花粉、郁金、大黄生津补液、凉血散淤，清利大肠，再以甘草调和诸药而解毒，使之清热、止咳、平喘，斧底抽薪而诸疮癀难发。

◆秋季中药预防

秋季秋季气候干燥，气候开始由热转凉，家畜易发肺燥咳喘。所以，家畜应适时服用理肺散。

药方：二母、苏叶、桔梗、苍术、柴胡、当归、川芎、瓜蒌、川朴、杏仁、秦艽、百合、兜铃、木香、双皮、白芷，以蜂蜜为引。

用法：研末冲服或水煎服。

药理药性：此方具有润肺止咳、化痰止喘、理气解表之功效。方中二母、苏叶、瓜蒌、桔梗、兜铃可清肺、降气、化痰、止肺平喘，秦艽助养肺阴，当归、川芎养血润燥，苍术、川朴、木香、柴胡、白芷均为调理肝胃之气而解表之药物。家畜服后可使其气顺、膘肥、体壮。

◆冬季中药预防

冬季冬季天气寒冷，草枯营养低，致使畜体瘦弱，代谢功能降低，抗逆性差，易受寒凝血淤之患，所以应及时服用茴香散。

药方：小茴、当归、川芎、川朴、二皮、苍术、枳壳、益智、槟榔、二丑、官桂、柴胡、生姜等。

用法：研末冲服。

药理药性：该方具有温中散寒，理气活血，解表利水之功效。对家畜抗寒、抗病及开胃增食欲具有良好的调理作用。

与家畜有关的疾病

◆疯牛病

疯牛病医学上称为牛脑海绵状病，简称BSE。1985年4月，医学家们在英国首先发现了一种新病，专家们对这一世界始发病例进行组织病理学检查，并于1986年11月将该病定名为BSE，首次在英国报刊上报道。1996年以来，这种病迅速蔓延，英国每年有成千上万头牛患这种神经错乱、痴呆、不久死亡的病。

◆口蹄疫

口蹄疫俗名“口疮”“辟

癀”，是由口蹄疫病毒所引起的偶蹄动物的一种急性、热性、高度接触性传染病。主要侵害偶蹄兽，偶见于人和其他动物。其临诊特征为口腔粘膜、蹄部和乳房皮肤发生水疱。

由于历史原因，在我国内地口蹄疫也称为“五号病”或“W病”。它也可以感染鹿、山羊、绵羊和其他偶蹄动物，比如象、鼠和刺猬，马和人类感染病例则非常少。口蹄疫在全球许多地区（包括欧洲，非洲，亚洲和 南美洲）都有发生，2001年在英国爆发的口蹄疫导致了该国境内大量的牲畜被屠宰。在此期间，诸如Ten Tors等一系列的体育赛事和休闲运动也纷纷被取消。2007年8月3日，英国南部萨里郡农场再次出现口蹄疫疫情。

◆狂犬病

狂犬病又称恐水症，是一种人畜共通传染病，病原体为狂犬病毒，是由狂犬病病毒引起的一种人畜共患的中枢神经系统急性传染病。狂犬病病毒属核糖核酸型弹状病毒，通过唾液传播，多见于狗、狼、猫等动物。目前的实验和观察表明其只感染哺乳动物，它会导致哺乳动物的急性脑炎和周围神经炎症，没有接受疫苗免疫的感染者，当神经症状出现后几乎必然死亡，通常的死亡原因都是由于中枢神经（脑脊髓）被病毒破坏，最终死于植物神经受损导致的脏器衰竭。但是只要及时接种疫苗，一般都能诱发机体产生足够的免疫力消灭病毒。狂犬病是最为恐怖的疾病之一，一旦发病，死亡率为100%。

草食性家畜简介

在动物学上，草食性动物是指主要吃植物，而不吃肉类的动物，不同于肉食动物。草食动物的门齿和盲肠一般比较发达，特别是臼齿更发达。

在动物王国里，很多都是草食性动物，如马、羊、牛、鹿、骆驼、驴和兔子等。其中牛是典型的草食性动物，它们并不能把肉类咀嚼及消化。但不少草食性动物均会吃鸡蛋及其他动物蛋白质。

一些草食性动物可被分为食果动物及食叶动物，前者主要吃果实，后者则主要吃树叶。而不少食果及食叶动物会同时吃植物的其他部分，例如根部和种子。一些草食动物的饮食习惯会随季节而改变，尤其是温带地区，在不同时间会有不同的食物。下面介绍几种常见的草食性家畜。

◆马

马是草食性家畜，在4000年前被人类驯服。马在古代曾是农业生产、交通运输和军事等活动的主要动力。随着生产力的发展，科技水平的提高，动力机械的发明和广泛应用，马在现实生活中所起的作用越来越少，马匹主要用于马术运动和生产乳肉，饲养量大为减少。但在有些发展我国家和地区，马仍以役用为主，并是役力的重要来源。

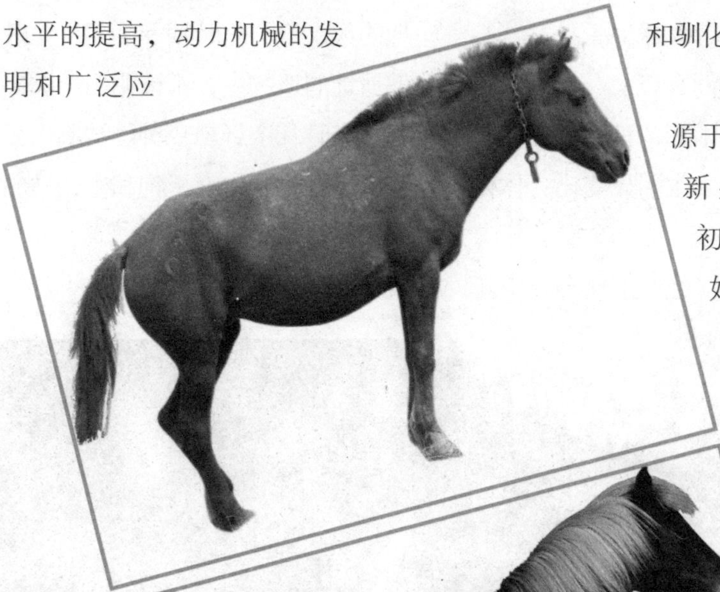

（1）马的起源和驯化

马属动物起源于6000万年前新生代第三纪初期，其最原始祖先为原蹄兽，体长约1.5米，头部和尾巴都很长，四肢短而笨重，行走缓慢，常在森林或热带平原上活动，以植物为食。体格矮小，四肢均有5趾，中趾较发达。生活在5800万年前第三纪始新世初期的始新马，或称始祖马，体高约40厘米。前肢低，有4趾；后肢高，有3趾。牙齿简单，适于热带森林生活。

进入中新世以后，干燥草原代替了湿润灌木林，马属动物的机能和结构随之发生明显变化：体格增大，四肢变长，成为单趾，牙齿变硬且趋复杂。经过渐新马、中新马和上新马等进化阶段的演化，到第四纪更新世才呈现为单蹄的扬首高躯大马。

家马是由野马驯化而来。我国是最早开始驯化马匹的国家之一，从黄河下游的山东以及江苏等地的大汶口文化时期及仰韶文化时期遗址的遗物中，都证明距今6000年左右时几个野马变种已被驯化为家畜。马的驯化晚于狗和牛，马的家称作“马厩”。

（2）马的外形特征

马有很多品种，不同品种的马体格大小相差悬殊。重型品种体重达1200千克，体高200厘米；小型品种体重不到200千克，体高仅95厘米，所谓袖珍矮马仅高60厘米。

马头面平直而偏长，耳短。四肢长，骨骼坚实，肌腱和韧带发育良好，附有掌枕遗迹的附蝉（俗称夜眼），蹄质坚硬，能在坚硬地面上迅速奔驰。毛色复杂，以骝、栗、青和黑色居多，被毛春、秋季各脱换一次。汗腺发达，有利于调节体温，不畏严寒酷暑，容易适应新环境。胸廓深广，心肺发达，适于奔跑和强烈劳动。食道狭窄，单胃，大肠特别是盲肠异常发达，有助于消化吸收粗饲料。无胆囊，胆管发达。牙齿咀嚼力强，切齿与臼齿之间的空隙称为受衔部，装勒时放衔体，以便驾驭。根据牙齿的数量、形状及其磨损程度可判定年龄，听觉和嗅觉敏锐。两眼距离大，视野重叠部分仅有30%，因而对距离判断力差；同时眼的焦距调节力弱，对500米以外的物体只能形成模糊图像，而对近距离物体则能很好地辨别其形状和颜色。头颈灵活，两眼可视面达330°～360°。眼底视网膜外层有

一层照膜，感光力强，在夜间也能看到周围的物体。马易于调教，通过听、嗅和视等感觉器官，能形成牢固的记忆。平均寿命30～35岁，最长可达60余岁，使役年龄为3～15岁，有的可达20岁。

（3）我国主要马种

我国国土辽阔，气候环境多样，几乎世界上所有的马种都能找到适合其生存的环境。在我国古代史上，骑马的民族曾造过辉煌的历史，我国人与马的关系密不可分。我国的马种大体可分为两类；一是地方品种，如蒙古马、哈萨克马、河曲马、云南马等；二是培育品种，如内蒙古的三河马、新疆的伊犁马等。

①蒙古马

蒙古马主要产于内蒙古草原，是典型的草原马种，也是我国乃至全世界较为古老的马种之一。蒙古马体格不大，平均体高120～135厘米，体重267～370千克。身躯粗壮，四肢坚实有力，体质粗糙结实，头大额宽，胸廓深长，腿短，关节、肌腱发达。被毛浓密，毛色复杂。它耐劳，不畏寒冷，能适应极粗放的饲养管理，生命力极强，能够在艰苦恶劣的条件下生存，8小时可走60千米左右路程。经过调驯的蒙古马，在战场上不惊不诈，勇猛无比，历来是一种良好的军马。

蒙古马属于马的地方品种。在高寒地带原始群牧条件下形成，具独立起源。原产蒙古高原，广布于我国北方以及蒙古人民共和国和原苏联部

分地区，约占我国马匹总数的1/2以上。具有适应性强、耐粗饲、易增膘、持久力强和寿命长等优良特性。其头大、额宽、颈短厚，呈水平颈。躯干长，胸深而宽，背腰平直，尻斜，四肢较短。飞节角度较小，稍曲飞，蹄质坚实。毛色复杂，以青、骝和兔褐色为多。母马平均体尺为：体高128.6厘米，体长133.6厘米，胸围154.2厘米，管围17.4厘米。

②哈萨克马

产于新疆的哈萨克马也是一种草原型马种。其形态特征是：头中等大，清秀，耳朵短。颈细长，稍扬起，耆甲高，胸销窄，后肢常呈现刀状。

现今伊犁哈萨克州一带，即是汉代西域的乌孙国。两千年前的西汉时代，汉武帝为寻找良马，曾派张骞三使西域，得到的马可能就是哈萨克马的前身。到唐代中叶，回纥向唐朝卖马，每年达十万匹之多，其中很多属于哈萨克马。因此，我国西北的一些马种大多与哈萨克马有一些血缘关系。

③西南马

西南马分布于四川、云南、

贵州及广西一带。特点是体形小，善走山路。西南马头较大，颈高昂，鬃、尾、鬣毛丰长。身体结构良好，肌腱发达，蹄质坚实。善于爬山越岭，可驮运货物100千克以上，日行30～40千米，是西南山区一支很需要运输力量。其中较著名的有四川建昌马、云南丽江马和贵州马等。

④伊犁马

伊犁马是以新疆的哈萨克马为基础，与前苏联顿河马、奥尔洛夫马等杂交而成。当地牧民称它"二串子马"。20世纪60年代后，伊犁马的培育主要以顿河马为主，其顿河马的血液达到了50%以上。

伊犁马伊犁马平均体高144～148厘米，体重400～450千克。它体格高大，结构匀称，头部小巧而伶俐，眼大眸明，头颈高昂，四肢强健。当它颈项高举时，有悍威，加之毛色光泽漂亮，外貌更为俊美秀丽。毛色以骝毛、栗毛及黑毛为主，四肢和额部常有被称作"白章"的白色斑块。伊犁马性情温顺，禀性灵敏，擅长跳跃，宜

于山路乘驮及平原役用。在126千米的长途竞赛中，负重80千克，7小时12分钟就可到达。伊犁马是优秀的轻型乘用马。

（4）世界名马大观

①美国标准马

美国标准马产于美国，也称“美国速步马”，是世界一流速步马，含有纯血马血液。主要用于轻驾车赛，其快步和对侧步平地竞赛速度居世界之首，创造和保持着多项世界记录。

②安达鲁西亚马

现代的安达鲁西亚马是西班牙的后代，它与阿拉伯马和柏布马对于全世界的马有最深远的影响。到了19世纪，西班牙马成为欧洲数第一的马，而且是文艺复兴学院古典马术所使用的马，维也纳的西班牙骑术学校就是以西班牙马命名的。最著名的白色利皮扎马就是16世纪时由西班牙出到利皮卡（在斯洛文尼亚）的马直接演化而来的，西班牙马曾经对所有各类型的马有主要影响，并且现在还是美洲大多数马的血统基础。

安达鲁西亚马的培育中心在赫雷斯-德拉弗龙特拉、科尔多巴和塞维利亚，这些马是由卡尔特会的曾侣们保存下来的。这种西班牙马是由土生土长带有欧洲野马影响的索雷亚血统与来自北非的侵略者柏布马杂交而得到的。

安达鲁西亚马是一种很有风

采的马，虽然速度不是很快，但是机敏而好动。它有一个高雅的头部，有鹰一般的轮廓。它的鬃毛是长而浓密的，有时还呈波浪状。

③夸特马

美国夸特马简称夸特马，或译成“四分之一英里马”。夸特马是美国的马种，以擅长短距离冲刺而著称。夸特马是当今美国最流行的马种，美国夸特马协会是世界上最大的马种登记组织。

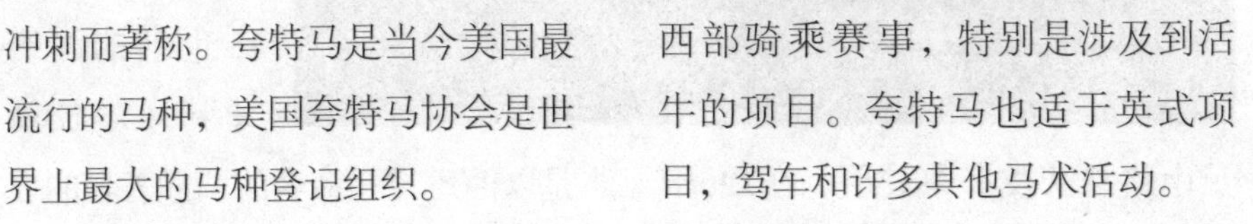

美国夸特马不但以赛马闻名，而且以西部牛仔运动马、马展、役用牧牛马而闻名。夸特马紧凑的体躯非常适合于绕圈、截牛、牧牛马、绕桶赛、套牛犊及其他的西部骑乘赛事，特别是涉及到活牛的项目。夸特马也适于英式项目，驾车和许多其他马术活动。

夸特马的头短而宽，口吻短，耳小，鼻孔大，眼睛间距宽，颌骨宽而界限分明。颈丰满、中等长度，颈脊薄，胸廓深而肋骨隆起良好。前肢有力肢势略宽，胸深而宽，后肢里外两侧肌肉丰满。后膝非常深，后躯重而富于肌肉。管骨短，系部中等长度，飞节距离宽、深而直，蹄圆形有深而开放的蹄踵。曾经有一种危险的倾向，即以“肌肉厚重丰满的马且有小蹄”为

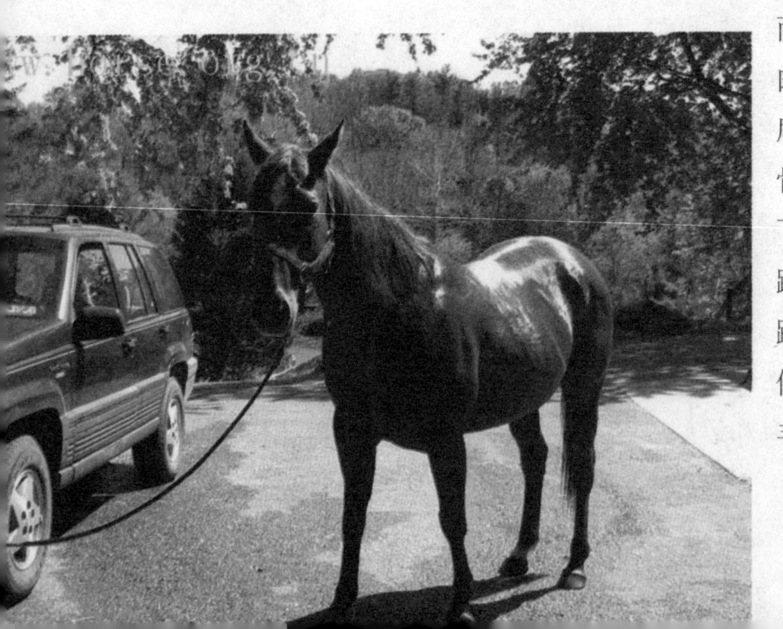

荣。令人高兴的是有这种倾向的观念已经消失。

夸特马是非常快的马，有平衡感而机敏。起跑时速度快，善于急转弯，头脑冷静、善良、稳健。

④阿拉伯马

阿拉伯马是乘用型品种，原产阿拉伯半岛，后经长期选育而成。阿拉伯马体形优美，体格中等，结构匀称，运步有弹性，气质敏锐而温顺，易于调教，对饲养管理条件要求不高。头较短，颈长形美，鬐甲高而丰实，背腰短而有力，尻长，尾础高，四肢肌腱发达。

阿拉伯马是最漂亮的马，血统为热血，产地中东，尽管速度不如纯血马，但它具有极大的耐力和高雅的气质，它是纯血马的基本血统，体高1.42米～1.50米。阿拉伯马遗传性好，世界上许多马种，如英国纯血马、盎格鲁阿拉伯马都有它的血统。我国用它改良蒙古马和西南马效果良好。

⑤卡巴金马

卡巴金马是在北高加索地区培育的一种山地马。它的步伐稳健、机敏，而且还具有在浓雾和黑

暗中寻找道路的能力。

卡巴金马繁衍于16世纪，是干旱大平原的马与波斯马、土库曼马、卡拉巴赫马等血缘混合的结果，后来在国家种马场中又经过优选培育而有所提高。那些用于提高相邻品种品质的卡巴金马都在跑道上进行过性能测验。盎格鲁-卡巴金马是与纯血马杂交的结果，它比较大一些，保留着吃苦耐劳的特性。

⑥苏维埃重挽马

苏维埃重挽马主要分布于黑龙江、吉林、山东和内蒙古。原产于前苏联俄罗斯中部黑土地带，用比利时重挽马改良农用马而成，建国初引进我国。

苏维埃重挽马体质结实，较粗糙，但干燥性不及阿尔登。头中等大，颈长中等或稍短，肌肉发达。鬐甲低厚。胸宽，肋拱圆，背宽而稍长，腰长中等，肌肉充实，尻宽而斜，多为复尻。四肢相对较短，前膝发育不足，常有凹膝和内向，后肢长呈刀状肢势，距毛较多，系较短，蹄形正常。毛色多为栗色，骝毛次之，尚有一部分沙栗毛，其他毛色较少。

◆牛

牛是草食性反刍家畜，是哺乳纲偶蹄目牛科牛属和水牛属家畜的总称。驯化的牛，最初以役用为主。之后随着农业机械化的发展和消费需要的变化，除少数我国发展落后地区的黄牛仍以役用为主外，普通牛经过不断的选育和杂交改良，均已向专门化方向发展。如英国育成了许多肉用牛和肉、乳兼用品种，欧洲大陆国家则是大多数奶牛品种的主要产地。英国的兼用型短角牛传入美国后向乳用方向选育，又育成了体型有所改变的乳用短角牛。牛具多种用途，其中肉和乳可供食用，皮属工业原料，牛还可为农业生产提供役力等。

（1）牛的起源与驯化

根据出土的牛颅骨化石和古代遗留的壁画等资料，可以证明普通牛起源于原牛，在新石器时代开始驯化。原牛的遗骸在西亚、北非和欧洲大陆均有发现。多数学者

认为，普通牛最初驯化的地点在中亚，以后扩展到欧洲、我国和亚洲。亚洲是野牛原种的栖息地，迄今仍有许多在原地生活于野生状态中，而在欧洲和北美则除动物园和保护区尚存少数外，野牛已绝迹。我国黄牛的祖先原牛的化石材料也在南北许多地方发现，如大同博物馆陈列的原牛头骨，经鉴定已有7万年。安徽省博物馆保存的长约1米余的骨心，是在淮北地区更新世晚期地层中发掘到的。此外，在东北的榆树县也发掘到原牛的化石和万年前牛的野生种遗骨。

驯化了的普通牛，在外形、生物学特性和生产性能等方面都发生了很大变化。野牛体躯高大（体高1.8～2.1米）、性野，毛色单一、多为黑色或白色，乳房小、产乳量低、仅够牛犊食用。经驯化后的牛体型比野牛小（体高在1.7米以下），性情温驯，毛色多样，乳房变大，产乳量和其他经济性能都大大提高。

（2）牛的几个种类：

①普通牛

普通牛分布较广，头数最多，如各种兼用牛。我国以役用为主的牛以及日本的牛等，其与人类生活的关系最为密切。

②驼鹿

驼鹿亦称驼峰牛，其耐热、抗蜱，是印度和非洲等热带地区特有的牛种。

③牦牛

牦牛毛长过膝，耐寒耐苦，适应高山地区空气稀薄的生态条件，是我国青藏高原的独特畜种，所产奶、肉、皮、毛，是当地牧民的重要生活资源。

④野牛

美洲野牛、欧洲野牛等可与牛属中的普通牛种杂交，产生杂交优势和为培育新品种提供有用基因。

（3）牛的品种类型

①肉用牛品种

肉用牛简称肉牛，属普通牛种，也包括由普通牛和瘤牛或野牛杂交育成的牛品种。体躯宽广，呈圆筒形，侧望和上望均呈长方形，后望呈方形。生长快，早熟，胴体净肉率高，脂肪间杂在肌肉纤维中，切面呈大理石状花纹，肉质柔嫩多汁，适于肉用。

18世纪中叶，英国首先育成一些中小型肉牛品种，如海福特牛、安格斯牛、短角牛等，它们除具有良好的产肉性能外，也有一定的产乳能力。以后这些品种大量输出，成为世界肉牛业的基础。19世纪初以后，欧洲大陆各国也开始对当地役用牛向肉用牛方向选育，经

国还利用婆罗门瘤牛与不同肉用牛品种杂交，育成了一些新品种。

世界肉用牛主要品种现有40余个，较著名的除短角牛和夏洛来牛等外，还有下述品种。

海福特牛：海福特牛是最古老的中小型肉用牛品种。育成于1790年，原产地在英国的赫里福特及牛津等地区。早熟易肥，耐粗饲，体格结实，适应性好。全身被毛红色，仅头部、颈垂、腹下、四肢下部和尾帚白色，具典型的肉用体型。成年公牛体重 850～1100千克，母牛体重600～700千克。一般屠宰

50～100年的时间而育成了夏洛来牛、利木赞牛等肉牛品种，统称大陆品种。其特点是体型大、生长快、瘦肉多。美国肉牛业则是在英国肉用牛品种的基础上发展起来的。20世纪20年代，小牛肉成为市场上的紧销商品，曾导致肉用牛向小型早熟方向选育。但培育出的肉牛体质不坚实，且过分依赖精饲料饲养致使肉质过肥，成本提高，所以到60～70年代，肉用牛的选育又转向生长快、瘦肉多、适于放牧、生产成本低的大型品种。美

率60%～65%。分有角和无角两种，后者是在该品种输入美国后由突变产生的。其他外形均与有角者近似。该品种现广泛分布世界各地。饲养较多的有美国、加拿大、墨西哥、苏联、澳大利亚、新西兰以及南非等。我国自20世纪60年代开始由英国引进，饲养于内蒙古、新疆、黑龙江、山西、河北等省。并用以改良黄牛，效果明显。

阿伯丁-安格斯牛：阿伯丁-安格斯牛简称安格斯牛，为古老的小型肉用牛品种。安格斯牛原产于英国阿伯丁-安格斯地区，其体躯低矮，无角，全身被毛黑而有光泽，部分牛腹下或乳房部有少量白斑。头小额宽，额上方明显向上突起。成年公牛体重800～900千克，母牛500～600千克。早熟易肥，生长快，肉质好，泌乳力较强。但有神经质，较难管理。19世纪自英国输出，现遍布全世界。

我国原来没有专用的肉用牛品种。现除利用国外引进品种改良本国黄牛的肉用性能已取得较好效果外，有些地方良种黄牛如秦川牛、南阳牛、鲁西牛、晋南牛等，也具有较好的肉用能力，可作为选育肉用品种的基础。

②乳用牛品种

奶牛是乳用品种的黄牛，经过高度选育繁殖的优良品种，产奶量很高。牛奶营养全面，是适合饮用和现代乳品工业的重要原料。

奶牛头部轮廓清晰，略长。颈薄有皱褶。皮薄，毛细短，皮下脂肪少，全身结构匀称，细致紧凑，棱角清晰。后躯较前躯发达，乳房庞大，重可达11~28千克，乳静脉明显。奶牛耐热性较差，对饲养管理要求较高。世界上奶牛品种近百个，其中最著名的有黑白花牛、娟姗牛、更赛牛、爱尔夏牛等。

18世纪末19世纪初我国开始引入西方专门化的奶牛品种。经用黑白花牛与我国黄牛杂交，并对其后代进行长期选育，已培育出我国黑白花奶牛品种。但大多数国家饲养的奶牛品种，还是以荷斯坦奶牛为主要品种，使奶牛的品种日趋单一化与大型化。荷斯坦奶牛具有产乳量高，产乳的饲料报酬高，生长发育快等特点，受到各国饲养奶牛者的喜爱，在奶牛中饲养的比例不断增加，其他奶牛品种日渐减少。在美国、日本，荷斯坦奶牛占饲养奶牛总数的90%以上，英国占64%，

荷兰、新西兰、澳大利亚等国，都是以发展荷斯坦牛为主。

我国黑白花奶牛也叫我国荷斯坦奶牛，我国荷斯坦牛有一百多年的历史，其育种过程非常复杂。总之，它是由纯种荷兰牛与本地母牛的高代杂交种经长期选育而成。

下面我们介绍一下世界上主要的奶牛：

荷斯坦牛：荷斯坦牛的起源已不可考，据对其头骨的研究，认为是欧洲原牛的后裔。品种的形成与原产地的自然环境和社会经济条件密切相关。荷兰地势低洼，全国有1／3的土地低于海平面，土壤肥沃，气候温和，全年气温在2℃～17℃之间，雨量充沛，年降雨量为550～580毫米，牧草生长茂盛，草地面积大，且沟渠纵横贯穿，形成了天然的放牧栏界，是放牧养奶牛的天然宝地。同时，历史上荷兰曾是欧洲一个重要的海陆交通枢纽，商业发达，干酪和奶油随着发达的海路交通输往世界各地。由于荷斯坦牛及其乳制品出口销量大，促进了奶牛的选育及品质的提高。

荷斯坦牛的培育历史十分悠

久，早在15世纪荷斯坦牛就以产奶量高而闻名于世，但在原产地荷斯坦牛的选育过程中，曾经走过弯路。由于过分强调产奶量而忽视了体质结实及乳脂含量等性状，导致出现乳脂率低、体质过于细致、抗病力弱，尤其易患结核病等缺点。后经育种家们的长期纠偏，重视体质和乳脂率的选育，才克服了以往的缺陷。

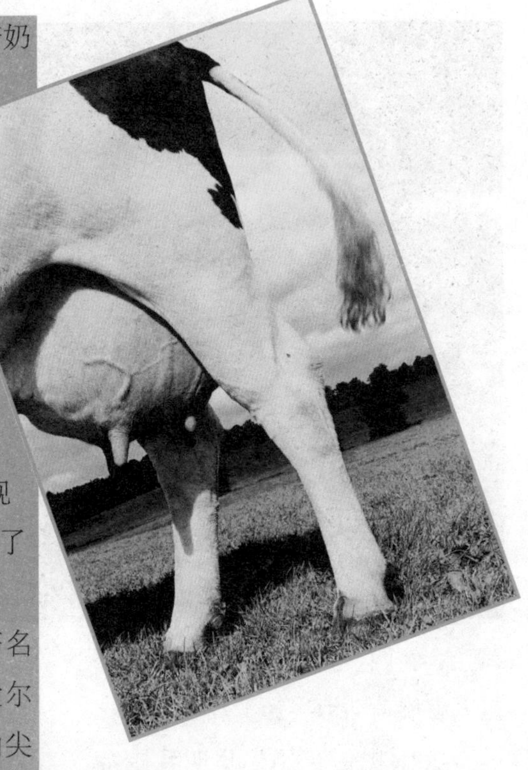

爱尔夏牛：爱尔夏牛是著名乳牛品种之一，原产于英国爱尔夏，其被毛白色带红褐斑。角尖长，垂皮小，背腰平直，乳房宽阔，乳头分布均匀。成年公牛体重约800千克，母牛约为500千克。耐粗饲，易肥育。年产乳3500～4500千克，乳脂率3.8%～4.0%，脂肪球小，现已广布世界各国。

爱尔夏牛属于中型乳用品种，原产于英国爱尔夏郡。该牛种最初属肉用，1750年开始引用荷斯坦牛、更赛牛、娟姗牛等乳用品种杂交改良，于18世纪末育成为乳用品种。

爱尔夏牛以早熟、耐粗，适应性强为特点，先后出口到日本、美国、芬兰、澳大利亚、加拿大、新西兰等30多个国家。我国广西、湖南等许多省市曾有引用，但由于该品种富精神质，不易管理，如今纯种牛已很少。

③奶肉兼用牛品种

奶肉兼用牛品种主要有西门塔尔牛、短角牛、阿拉塔乌牛、德国红牛、三河牛、草原红牛、新疆褐牛。

西门塔尔牛：西门塔尔牛原产于瑞士西部的阿尔卑斯山区的河谷地带，在产奶性能上被列为高产的奶牛品种，在产肉性能上并不比专门化肉牛品种逊色。西门塔尔牛是世界著名的兼用品种，也是全世界分布最广、数量放多的品种之一。其体格粗壮结实，头部轮廓清晰，嘴宽眼大，角细，前躯发育好，腰宽身躯长，尻部长宽平直，肌肉丰满，四肢粗壮，蹄圆厚，乳房发育中等，被毛浓密，额部和颈上部有卷毛，毛色多为黄白花。成年公牛体重1000～1300千克，母牛体重650～800千克。年均产奶量4100千克左右，

乳脂率多为3.9%。在半育肥状态下母牛屠宰率为53%～55%，育肥后公牛屠宰率可达65%左右。其适应性强，饲料转化高，但难产率较高。

草原红牛：草原红牛是以乳肉兼用的短角公牛与蒙古母牛长期杂交育成的，主要产于吉林白城地区、内蒙昭呼达盟、锡林郭勒盟及河北张家口地区。1985年经国家验收，正式命名为我国草原红牛。目前约有草原红牛总头数达14万头。其适应性强，耐粗饲，夏季完全依靠草原放牧饲养，冬季不补饲，仅依靠采食枯草即可维持生活。草原红牛对严寒酷热气候的耐力很强，抗病力强，发病率低，当地以放牧为主。全身被毛紫红色或红色，角多伸向前外方，呈倒八字形并略向内弯曲。草原红牛适应性强，耐粗饲，耐严寒，耐酷热，抗病力强，泌乳潜力较大。成年公牛体重760千克，母牛体重453千克，犊牛初生重30千克左右。在放牧条件下，年均产奶量824千克，乳脂率多为4.3%。屠宰前短期育肥屠宰率达53.8%，净肉率达45.2%，繁殖成活率达84.7%。其肉质鲜美细嫩，为烹制佳肴的上乘原料。皮可制革，毛可织毯。

德国红牛：德国红牛原产于德国安格地区。全身被毛红色，角短，尻部宽平，乳房发育良好，乳静脉明显易见。德国红牛年均产奶量5130千克，乳脂率为4.72%。体格较小，体重较轻，成年体重600千克， 416日龄活重435千克，平均日增重0.95千克。屠宰率在60%以上。

三河牛：三河牛原产于我国的黑龙江省海拉尔、满洲里及三河一带，是我国乳肉兼用品种，总约8万头。三河牛体型大小不一，毛色以黑白花、黄白花及灰白花为多。头中等大小，角向外向前弯，角尖向内弯。胸围大，背腰平直，髋部较高，多斜尻，四肢强健。成年公牛体重850～950千克，母牛体重450～550千克。在放牧条件下，平均产奶量1600～2000千克，在舍饲情况下，产奶量可达3000～3500千克，高者达6000千克以上，乳脂率多为3.5～3.8%，屠宰率40%～50%。

④役用牛品种

役用牛主要有我国的黄牛和

水牛等。有的黄牛也可役肉兼用，如我国的鲁西牛等。20世纪70年代前水牛在我国一些地方也作乳役兼用。

鲁西黄牛：鲁西黄牛是农民的得力助手。它体格强壮，身材高大，吃苦耐劳，善于拉车。在源远流长的山东畜禽生产史中，山东人不会忘记曾与他们荣辱与共的黄牛。鲁西黄牛体形硕大，背腰宽厚，四肢粗壮，玉蹄圆大，慓悍健美，历史上沿海拖盐、拉鱼、运草全赖鲁西黄牛。海滩多积水洼地，无交通道路，交通工具都为木轮大车，车体笨重，运输时又常须涉水而过，负荷极大。鲁西黄牛便是农民在长期生产实践中精心培育役用牛良种的杰作。它体高力壮，两牛共挽一车，载重1000到1500千克，每天能行走30至40千米，终年如此，习以为常。用以耕地，效率比农村水牛高30%。

水牛：水牛是牛亚科亚洲水牛属、非洲水牛属和倭水牛属3属野水牛的通称。亚洲水牛耳廓较短小，头额部狭长，背中线毛被前向，背部向后下方倾斜，角较细长。亚洲水牛约于公元前4000年被驯化，亚洲许多国家用它们作役畜。我国主要见于长江流域各省。

◆羊

羊又称为绵羊或白羊，为哺乳纲牛科，是人类的家畜之一。羊是有毛的四腿反刍动物，是羊毛、羊肉的主要来源。羊原为北半球山地的产物，与山羊有亲缘关系。不同之处在于羊体形较胖，雄羊无须，两角生出后较为岔开，老羊的角成侧扁的螺旋。

羊是一种草食动物，所以一般在水草肥美的大草原生存。羊有许多经济用途，例如羊乳（及其延伸产品，如奶酪）、羊毛、绵羊油和羊肉。羊皮纸在东方的纸传入之前，一直长时间扮演重要的角色，牧羊在一些国家占相当重要经济地位。

（1）羊的概述

羊是人们普遍熟悉的一种家畜。家羊有两种：山羊和绵羊。这两种羊除了外貌不同之外，身体的构造大致相同。家羊是由野羊驯化而来的，世界上羊的驯化以亚洲

西南部为最早。而且，山羊和绵羊这两种羊几乎是同一时期驯化的。在约旦的杰里科地区，早在公元前8500年已经驯养山羊了。野羊被驯化为家羊，是在距今约四五千年的龙山文化的晚期，如地处黄河上游甘肃齐家文化各遗址中，就发现了

大量的猪、狗、牛、羊等家畜的骨骼。到了商、周时期，养羊业已十分发达。

（2）羊的生活习性

绵羊的生活习性：

①合群性强、饲料范围广：牧草、灌木和农副产品均可作为草料食用。

②忍受艰苦的能力强：当夏秋牧草茂盛，营养丰富时，能在较短时间内迅速增膘，积蓄大量脂肪。而在冬春枯草季节营养缺乏时，再重新化成醣朊，供机体维持和繁殖生产之用，因此羊对饥饿的忍受能力较强。

③性情温顺，喜干厌湿：绵羊性情温顺，胆小懦弱，突然的惊吓容易发生“炸群”而四处乱跑、乱挤，所以圈门不能太小，以免撞伤。绵羊应在干燥通风的地方采食和卧息，温热、湿冷的圈舍对绵羊生长发育不利。所以，应遮荫，防止曝晒。在夏季炎热的天气放牧，常常发生低头拥挤、呼吸急喘、驱赶不散的“扎窝子”现象，细毛羊较为明显。高温高湿的环境下不利

于绵羊生存，容易感染各种疾病，生殖能力明显下降。

④母子可准确相识。

⑤其他生活习性：在舍饲绵羊时，要有足够大的运动场。另外，绵羊有黎明或早晨交配的习性。研究表明：在繁殖季节，绵羊在中午、傍晚和夜间很少活动，在6：30～7：30期间交配比例最高，下午和黄昏时次之。因此，在采用人工输精时，为获得较高的受胎率，输精时间最好选择在早晨。

山羊的生活习性

①活泼好动，喜欢登高：山羊生性好动，大部分时间处于走动状态。特别是羔羊的好动性表现的尤为突出，经常有前肢腾空、身体站立、跳跃嬉戏的动作。山羊有很强的登高和跳跃能力，因此，舍饲时应设置宽敞的运动场，圈舍和运动场的墙要有足够的高度。

②采食性广，适应性强：山羊的觅食能力极强，能够利用大家畜和绵羊不能利用的牧草，对各种牧草、灌牧枝叶、作物秸杆、农副产品及食品加工的副产品均可采食，其采食植物的种类多于其他家畜。

③喜欢干燥，厌恶潮湿：炎热潮湿的环境下山羊易感各种疾病，特别是肺炎和寄生虫病，但其

对高温高湿环境适应性明显高于绵羊。

④合群性好，喜好清洁：山羊的合群性较好，且喜好清洁，采食前先用鼻子嗅，凡是有异味、污染、沾有粪便或腐败的饲料，或已践踏过的草都不爱吃。在舍饲山羊时，饲草要放在草架上，减少饲草的浪费，并保持清洁。

⑤性成熟早，繁殖力强：山羊的繁殖力强，主要表现在性成熟早、多胎和多产上。山羊一般在5～6月龄到达性成熟，6～8月龄即可初配，大多数品种羊可产羔2～3只，平均产羔率超过200%。

⑥胆大灵巧，容易调教。

（3）山羊的品种分类

我国山羊饲养历史悠久，早在夏商时代就有养羊文字记载。一千多年前，我国劳动人民就开始饲养山羊，后逐步形成规模。山羊生产具有繁殖率高、适应性强、易管理等特点，至今在我国广大农牧区广泛饲养。改革开放30年来，我国山羊业发展迅速，成就显著。我国山羊分布的地区广，遍及全国，全国有一半以上的省山羊头数超过绵羊。南方一些省不能养绵羊的地

方却可以养山羊。

我国是世界上山羊品种资源最为丰富的国家。几千年来，劳动人民经过辛勤劳动和精心选择，培育出了近40个品质优良而又各具特色的山羊品种。按其经济用途山羊可分为：乳用型、肉用型、绒用型三类。

乳用型山羊品种是一类以生产山羊乳为主的品种。这种品种具有乳用家畜的楔形体型，轮廓鲜明，细致紧凑型表现明显。产乳量高，奶的品质好。

肉用型山羊品种是一类以生产山羊肉为主的品种。肉用山羊的典型外貌特征主要是具有肉用家畜的“矩形”体型，体躯低垂，全身肌肉丰满，细致疏松型表现明显。早期生长发育快。产山羊肉量多，肉质好。

绒用型山羊品种是一类以生

产山羊绒为主的山羊品种。绒用山羊的外貌特征为体表绒、毛混生，毛长绒细，被毛洁白有光泽，体大头小，颈粗厚，背平直，后躯发达。产绒量多，绒质量好。

①乳用型山羊

关中奶山羊：关中奶山羊因产于陕西省关中地区，故名。关中奶山羊为我国奶山羊中著名的优良品种，其体质结实，结构匀称，遗传性能稳定。头长额宽，鼻直嘴齐，眼大耳长。母羊颈长，胸宽背平，腰长尻宽，乳房庞大，形状方圆；公羊颈部粗壮，前胸开阔，腰部紧凑，外形雄伟，四肢端正，蹄质坚硬，全身毛短色白。皮肤粉红，耳、唇、鼻及乳房皮肤上偶有大小不等的黑斑，部分羊有角和肉垂。成年公羊体高80厘米以上，体重65千克以上；母羊体高不低于70厘米，体重不少于45千克。体形近似西农莎能羊，具有“头长、颈长、体长、腿长”的特征，群众俗称“四长羊”。公母羊均在4至5月龄性成熟，一般5至6月龄配种，发情旺季9至11月，以10月份最甚，性周期21天。母羊怀孕期150天，平均产羔率178%。初生公羔重2.8千克以上；母羔2.5千克以上。种羊利用年限一般为5~7年。

关中奶山羊以富平、三原、扶风、蒲城、阎良等13个县(市、区)为生产

基地县。全省关中奶山羊存栏量约百万只上下，其基地县奶山羊数量为全省的95%。历年奶山羊存栏数量、向各地提供良种奶羊数、奶粉的质量和数量及其经济效益等均名列全国前茅。关中为全国著名奶山羊生产繁育基地，故八百里秦川有“奶山羊之乡”的称誉。

②肉用型山羊

波尔山羊：波尔山羊是一个优秀的肉用山羊品种。该品种原产于南非，作为种用，已被非洲许多国家以及新西兰、澳大利亚、德国、美国、加拿大等国引进。波尔山羊被称为世界“肉用山羊之王”，介绍是世界上著名的生产高品质瘦肉的山羊。自1995年我国首批从德国引进波尔山羊以来，许多地区包括江苏、山东等地也先后引进了一些波尔山羊，并通过纯繁扩群逐步向周边地区和全国各地扩展，显示出很好的肉用特征、广泛的适应性、较高的经济价值和显著的杂交优势。波尔山羊是肉用山羊品种，具有体型大、生长快、繁殖力强、产羔多、屠宰率高、产肉多、肉质细嫩、适口性好、耐粗饲、适应性强、抗病力强和遗传性稳定等特点。成年波尔山羊公羊、母羊的体高分别达120千克和65千克，其屠宰率较高，平均为48.3%。波尔山羊可维持生产价值至7岁，是世界上著名的生产高品质瘦肉的山羊。此外，波尔山羊的板皮品质极佳，属上乘皮革原料。

③绒用型山羊

辽宁绒山羊：辽宁绒山羊原

产于辽宁省东南部山区步云山周围各市县，因产绒量高，适应性强，遗传性能稳定、改良各地土种山羊效果显著而在国内外享有盛誉。现主要分布在盖州及其相邻的岫岩、辽阳、本溪、凤城、宽甸、庄河、瓦房店等地区。

辽宁绒山羊是我国珍贵的产绒山羊品种，所产山羊绒因其优秀的品质被专家称作“纤维宝石”，是纺织工业最上乘的动物纤维纺织原料。辽宁绒山羊在绒毛品质、产绒量等方面，居世界同类品先进，被誉为“中华国宝”。

（4）绵羊的品种分类

绵羊是常见的饲养动物。身体丰满，体毛绵密。头短。雄兽有螺旋状的大角，雌兽没有角或仅有细小的角，毛色为白色。绵羊现在世界各地均有饲养，其性情胆怯，秋季、冬季发情。雌兽的怀孕期为145～152天，每胎产1～5仔，寿命为10～15年。绵羊耐渴，可以为人类提供肉和毛皮等产品。知名度最高的是克隆绵羊——多莉。

按生产用途绵羊可分为不同的类型，下面主要介绍绵羊的两种主要类型：

细毛羊：细毛羊是以产毛为主要饲养目的，约占世界绵羊品种的10%。全身被毛细度都在25微米以内，支数不低于60支，毛长在7厘米以上，是制造精纺织品的优良原料。由于各国选育目标和当地自然条件的不同，又分为毛用、毛肉兼用和肉毛兼用3型。

粗毛羊：粗毛羊的毛纤维混杂有细毛、粗毛、两型毛和死毛等，只能用以织造地毯，故亦称“地毯毛羊”。粗毛羊广布于世界各地，约占全部绵羊品种的48%。我国的蒙古羊、西藏羊，英国的苏格兰黑面羊，以及非洲、亚洲的许多地方品种均属之。粗毛羊具有大或短的脂尾或脂臀，也有小尾的，其能适应贫瘠的草地和恶劣的气候条件。粗毛羊一般肉用性能好，增膘能力强，肉质优美。

①细毛羊

我国美利奴羊：我国美利奴羊简称中美羊，体重40.9～48.8千克。公羊有螺旋形角，少数无角，颈部有1～2个横褶皱；母羊无角，颈部有发达的纵皱榴。体躯呈长方形，公、母羊躯体部无明显褶皱。头毛密长，着生至眼线，耆甲宽

平，胸宽深，背平直，尻宽平，后躯丰满，肢势端正，被毛白色。我国美利奴羊是我国在引入澳美羊的基础上，于1985年培育成的第一个毛用细毛羊品种。按育种场所在地区，分为新疆型、军垦型、科尔沁型和吉林型4类。细毛着生头部至眼线、前肢至腕关节、后肢至飞节，腹毛着生良好。该品种的羊毛产量和质量已达到国际同类细毛羊的先进水平，也是我国目前最为优良的细毛羊品种。

新疆细毛羊：新疆毛肉兼用细毛羊，简称新疆细毛羊。体形较大，公羊体重85～100千克，母羊体重47～55千克。公羊大多有螺旋形大角，鼻梁微隆起，颈部有1～2个完全或不完全的横皱褶。母羊无角，鼻梁呈直线形，颈部有1个横皱褶或发达的纵皱褶。胸部宽深，背腰平直，体躯长深无皱，后躯丰满，肢势端正，被毛白色。该品种原产于新疆伊犁地区巩乃斯种羊场，是我国于1954年育成的第一个毛肉兼用细毛羊品种，用高加索细毛羊公羊与哈萨克母羊、泊列考斯公羊与蒙古羊母羊进行复杂杂交培育而成。该品种适于干燥寒冷高原地区饲养，具有采食性好，生活力强，耐粗饲料等特点，已推广至全国各地。

甘肃细毛羊：甘肃细毛羊也叫甘肃高山细毛羊，体质结实匀称。公羊体重70～85千克，母羊体重36.3～43.8千克。公羊有螺旋形大角，母羊无角。公羊颈部有1～2个横皱褶，母羊有纵皱褶，被毛纯白，四肢强健有力。甘肃细毛羊主要分布于甘肃祁连山海拔2600～3500米的高山草原地带，是毛肉兼用细毛羊品种，由蒙古羊、藏羊及蒙藏混血羊与新疆羊、高加索羊通过复杂杂交，于20世纪80年代初选育而成的我国第一个高原细毛羊品种。该品种具有适应高寒山区条件，耐粗放，生活力强的特点，可用于改良高原绵羊。

②粗毛羊

哈萨克羊：哈萨克羊产自新疆，是我国三大粗毛羊品种之一。其肉脂兼用，具有较高的肉脂生产性能，且做为母系品种参与了新疆细毛羊和我国卡拉库尔羊品种的培育。该品种羊鼻梁隆起，耳大下垂，公羊具有粗大的角，母羊多数无角。背腰宽，体躯浅，四肢高、粗壮、脂肪沉积于尾根而形成肥大的椭圆形脂臀。其肌肉发达，后躯发育好，产肉性能高。哈萨克羊被毛异质，腹毛稀短，毛色以全身棕褐色为主，纯白或纯黑的个体很少。哈萨克羊肉脂品质较好，被毛异质，腹毛稀短。

◆驴

驴为马科、驴属。驴的体型比马和斑马都小，但与马属有不少共同特征：第三趾发达，有蹄，其余各趾都已退化。驴的形象似马，多为灰褐色，不威武雄壮，它的头大耳长，胸部稍窄，四肢瘦弱，躯干较短，因而体高和身长大体相等，呈正方型。颈项皮薄，蹄小坚实，体质健壮，抵抗能力很强。驴很结实，耐粗放，不易生病，并有性情温驯，刻苦耐劳、听从使役等优点。

（1）驴总体介绍

我国疆域辽阔，养驴历史悠久。驴可分大、中、小三型，大型驴有关中驴、泌阳驴，这两种驴体高130厘米以上；中型驴有辽宁驴，这种驴高在110～130厘米之间；小型俗称毛驴，以华北、甘肃、新疆等地居多，这些地区的驴

体高在85～110厘米之间。

驴可耕作和乘骑使用。每天耕作6～7小时，可耕地2.5～3亩。在农村还可乘骑赶集，适于山区驮运及家庭役用。驴肉又是宴席上的珍肴，其肉质细味美，素有“天上龙肉，地上驴肉”之说。经测定，每百克驴肉中含蛋白质18.6克，脂肪0.7克，钙10毫克，磷144毫克，铁13.6毫克，热量80大卡。其中蛋白质含量比牛肉、猪肉都高，是典型的高蛋白、低脂肪食物。驴肉有补血、补气、补虚、滋阴壮阳的功能，是理想的保健食品。驴皮可制革，也是制造名贵中药阿胶的主要原料。

（2）驴的生活习性

驴是奇蹄目马科驴属3种兽类的通称。非洲仅有非洲野驴1种，人们认为它是家驴的祖先，其毛色与家驴相像，呈青灰并沾棕色，鸣声与家驴一样，耳壳较长。非洲野驴生活在干燥地区，是一种趋于灭绝的动物。

在我国，亚洲的藏野驴被列为重点保护动物。野驴与家马杂交，可得到生命力强、鸣声似驴，但无生殖力的子代。亚洲野驴有2种：藏野驴，主要分布在青藏高原；中亚野驴产于我国新疆维吾尔自治区、蒙古人民共和国、苏联贝加尔湖附近、伊朗、阿富汗等地。亚洲野驴不是典型的驴，耳壳比非洲野驴短，蹄较大，鸣声似马。通常体长200～220厘米，肩高约130厘米。其夏毛鲜棕栗、红棕色，冬毛淡灰色。

亚洲野驴既耐干旱，又耐严寒，一般栖息于沙漠、草原荒漠和草原上。藏野驴通常见于海拔3000～5100米的开阔高原或山间丘陵盆地。性机警，极敏捷，喜结群，夏季可结成200多头的大群。秋季交配，翌年夏季产仔，每胎1仔。

（3）我国驴的主要品种

①华北驴

华北驴是指产于黄土高原以东、长城内外至黄淮平原的小型驴，并分布到东北三省。境内有高原、平原、山区和丘陵，产区为我国北方农业区，驴为仅次于牛的

第二大家畜。除黄河中下游的富庶农业区多产大、中型驴外，大部分的山区、高原农区、半农半牧区和条件较差的农区，因作物单产低，饲养条件差，而多养小型驴。近几十年来，为了适应生产的需要，一些农业条件较差而畜牧条件较好的地区，如沂蒙山区、太行燕山山区、陕北榆林地区、张家口地区、哲里木盟库伦旗和淮北等地，发挥地方优势，大批繁殖商品驴或驴骡。除留少部分自用外，每年通过大同、张家口、沧县、济南、潍坊、界首、周口等著名牲畜交易市场，向全国各地出售。这些驴都有它的地方名称，如陕北滚沙驴、内蒙古库仑驴、河北太行驴、山东小毛驴、淮北灰驴等，但总称为华北驴。

华北驴的产区因自然、社会条件各不相同，因而各地驴的外貌也各有其特点。但其共同点为：体高在 110厘米以下（较前两种驴大），结构良好，体躯短小，腹部稍大，被毛粗刚。头大而长，额宽突，背腰平，胸窄浅，四肢结实，蹄小而圆。有青、灰、黑等多种毛色。其平均体尺也各不相同，滚沙驴107厘米，体重140～190千克，太行驴102.4厘米，内蒙古库仑驴

110厘米，沂蒙、苏北、淮北的驴108厘米。华北驴繁殖性能好，适应性强，体重在140～170千克，屠宰率在52%。

②德州驴

德州驴体格高大，结构匀称，体型方正，头颈躯干结构良好。公驴前躯宽大，头颈高扬，眼大嘴齐，有悍威，背腰平直，尻稍斜，肋拱圆，四肢有力，关节明显，蹄圆而质坚。毛色分三粉（鼻周围粉白，眼周围粉白，腹下粉白）的黑色和乌头（全身毛为黑色）两种。其体高一般为128～130厘米，最高的可达 155厘米。德州驴生长发育快，12～15月龄性成熟，2.5岁开始配种。母驴一般发情很有规律，终生可产驹10只左右，25岁时驴仍有产驹的。公驴性欲旺盛，在一般情况下，射精量为70毫升，有时可达180毫升，精液品质好。作为肉用驴饲养屠宰率可达53%，出肉率较高。德州驴为小型毛驴改良的优良父本品种。

③新疆驴

新疆驴体格矮小，体质干燥结实，头略偏大，耳直立，额宽，鼻短，耳壳内生满短毛；颈薄，背平腰短，尻短斜，胸宽深不足，肋扁平；四肢较短，关节干燥结实，蹄小质坚；毛多为灰色、黑色。新疆驴1周岁就有性欲，公驴2～3岁，母驴2岁就开始配种，在粗放的饲养和重役情况下很少发生营养不良和流产，幼驹成活率在90%以上。新疆兵团农八师150团曾引种

关中驴与当地小毛驴杂交，其后代的体高达到120～125厘米。吐鲁蕃改良驴体高可达到125～130厘米。由此可引入大型驴种对新疆驴进行杂交改良，提高当地驴的体尺、体重、是肉驴饲养提高肉产量的重要途径。

④云南驴

云南驴头显粗重，额宽隆，耳大长；胸浅窄，背腰短直，尻斜短，腹稍大；前肢端正，后肢稍外向，蹄小而尖坚；被毛厚密，毛以灰色为主，并有鹰膀，背浅，虎斑；其他部分为红褐色。云南驴性成熟早，2～3岁即可配种繁殖，一般3年2胎，如专门作肉驴饲养也可1年1胎，屠宰率45%～50%，净肉率30%～34%，每头净肉量为35千克左右。

⑤广灵驴

广灵驴体格高大、骨骼粗壮、体质结实、结构匀称、耐寒性强。驴头较大、鼻梁直、眼大、耳立、颈粗壮，背部宽广平直，前胸宽广，尻宽而短，尾巴粗长，四肢粗壮，肌腱明显，关节发育良好，管骨较长，蹄较小而圆，质地坚硬，被毛粗密。被毛黑色，但眼圈、嘴头、前胸口和两耳内侧为粉白色，当地群众叫“五白一黑”，又称黑化眉。还有全身黑白毛混生，并有五白特征的，群众叫做“青化黑”，这两种毛色的均属上等。广灵驴繁殖性能与其他品种近似，唯多在2～9月发情，3～5月为发情旺季。终生可产驹10胎，经屠宰测定，平均屠宰率为45.15%，净肉率30.6%。有良好的种用价值，曾推广到全国13个省区，以耐寒闻名，对黑龙江省的气候适应也较好。

⑥晋南驴

晋南驴体型长方形，外貌清秀细致，是有别于其他驴种的特点。头清秀，大小适中，颈部宽厚，背腰平直，尻略高而斜，四肢细长，关节明显，肌腱分明，前肢有口袋状附蝉。尾细长，似牛尾。皮薄而细，以黑色带三白为主要毛色，另外还有一种灰色大驴。据测定，老龄晋南淘汰驴平均屠宰率为52.7%，净肉率39%。

⑦关中驴

关中驴关中驴体格高大，结

构匀称，体型略呈长方型。头颈高扬，眼大而有神，前胸宽广，肋弓开张良好，尻短斜，体态优美。90%以上为黑毛，少数为栗毛和青毛。在正常饲养情况下，关中幼驴生长发育很快。1.5岁能达到成年驴体高的93.4%，并表现性成熟。3岁时公母驴均可配种，公驴4至12岁配种能力最强，母驴终生产5~8胎。多年来关中驴一直是小型驴改良的重要父本驴种，特别对庆阳驴种的形成起了重大作用。

（4）驴的利用价值

驴肉具有补血、益气补虚等保健功能。食驴肉之风也在广东、广西、陕西、北京、天津、河北、山东等地兴起，这表明开发饲养肉驴大有潜力。据分析，每100克驴肉中含蛋白质18.6克、脂肪0.7克、钙10毫克、磷144毫克、铁13.6毫克，有效营养成分不亚于牛、兔、狗等肉，属典型的高蛋白、低脂肪肉食品。著名小吃有保店五香驴肉，产于山东济宁。

驴皮质柔韧厚实，可用于制革，并且具有药用价值，是名贵中药阿胶的原料。我国驴的品种约在30种以上，其中优良品种产于山东省，关中驴、德州驴、佳米驴、泌阳驴、广灵驴、河西驴等久负盛名。驴还是是农村特别是山区、半山区、丘陵地区短途运输、驮货、耕田、磨米面的好帮手。

杂食类家畜简介

杂食动物相对来说并没有明显一致的结构特征，严格来说，它不能算作是一个动物类别，动物分类学上没有这一类别，它完全是根据动物的饮食习性而归纳出来的一类动物。简单地说，杂食动物最明显的特征就是这些动物“食物种类较多，既吃植物，也吃动物”。

◆猪

猪是人类最早驯化的动物之一，浑身都是宝。猪又名“乌金”“黑面郎”及“黑爷”。《朝野佥载》说，唐代洪州人养猪致富，称猪为“乌金”。唐代《云仙杂记》引《承平旧纂》：“黑面郎，谓猪也。”在华夏的土地上，早在母系氏族公社时期，就已开始饲养猪、狗

等家畜。浙江余姚河姆渡新石器文化遗址出土的陶猪，其图形与现在的家猪形体十分相似，说明当时对猪的驯化已具雏形。

（1）猪的简介

猪是杂食类哺乳动物，身体肥壮，四肢短小，鼻子口吻较长。肉可食用，皮可制革，体肥肢短，性温驯，适应力强，易饲养，繁殖快，有黑、白、酱红或黑白花等色。猪出生后5～12个月可以配种，妊娠期约为4个月。猪的平均寿命为20年，我国养猪至少也有5600至6080年的历史。猪的脖子很短，猪其实不笨，事实上猪是种很聪明的动物，看似憨厚，其实很有点小脾气。

猪的亚种包括：欧洲中部野猪、东南亚野猪和印度野猪，一般认为这三个亚种构成了家猪的培育。

（2）地方猪种分类

按地理区域进行分类，地方猪种可分为以下几类：

①华北类型：民猪、黄淮海黑猪、里岔黑猪、八眉猪等；

②华南类型：滇南小耳猪、蓝塘猪、陆川猪等；

（3）猪的品种

①大白猪

大白猪又叫做“大约克夏猪”。原产于英国，特称为“英国大白猪”。输入苏联后，经过长期风土驯化和培育，成为“苏联大白猪”。后者的体躯比前者结实、粗壮，四肢强健有力，适于放牧。

约克夏猪是猪的一个著名品种。原产于英国约克郡，由当地猪与我国猪等杂交育成。全身白色，耳向前挺立。有大、中、小三种，分别称为“大白猪”“中白猪”和“小白猪”。大白猪属腌肉型，为全世界分布最广的猪种。体长大，成年公猪体重300至500千克，母猪200至350千克。繁殖力强，每胎产仔10到12头。小白猪早熟易肥，属脂肪型。中白猪体型介于两者之间，属肉用型。我国饲养大白猪较多。

②长白猪

长白猪是“兰德瑞斯猪”

③华中类型：宁乡猪、金华猪、监利猪、大花白猪等；

④江海类型：著名的太湖猪（梅山、二花脸等的统称）；

⑤西南类型：内江猪、荣昌猪等；

⑥高原类型：藏猪（阿坝、迪庆、合作藏猪）。

在我国的通称，为著名腌肉型猪品种。长白猪原产于丹麦，由当地猪与大白猪杂交育成。全身白色，体躯特长，呈流线型，头狭长、耳大前垂，背腰平直，后躯发达，大腿丰满，四肢较高。其生长快，饲料利用率高，皮薄、瘦肉多，每胎产仔11至12头。长白猪成年公猪体重400到500千克，母猪300千克左右。其要求有较好的饲养管理条件，现已遍布于世界各国。

③汉普夏猪

汉普夏猪是著名肉用型猪品种。19世纪初期由英国汉普夏输往美国后，在肯塔基州经杂交选育而成。毛色黑，肩颈接合部和前肢白色。鼻面稍长而直，正竖立。体躯较长，肌肉发达。成年公猪体重315～410千克，母猪250～340千克。早熟性，繁殖力中等，平均每胎产仔8头。其屠体品质高，瘦肉比例大。

④波中猪

波中猪为猪的著名品种，原

产于美国，由我国猪、俄国猪、英国猪等杂交而成。波中猪原属脂肪型，已培育为肉用型。全身黑色，有六白的特征。鼻面直，耳半下垂。体型大，成年公猪体重390～450千克，母猪300～400千克。早熟易肥，屠体品质优良；但繁殖力较弱，每胎性仔8头左右。

⑤马身猪

马身猪原产于我国山西，体型较大，耳大、下垂超过鼻端，嘴筒长直，背腰平直狭窄，臀部倾斜，四肢坚实有力，皮、毛黑色，皮厚，毛粗而密，冬季密生棕红色绒毛，乳头7至9对。可分为“大马身猪”（大）、“二马身猪”（中）和“钵盂猪”（小）三型。马身猪虽生长速度较慢，但胴体瘦肉率较高。

◆狗

狗通常指家犬，是一种常见的犬科哺乳动物，通常被称为“人类最忠实的朋友”。狗是狼的近亲，是一种饲养率最高的宠物。其寿命约为十多年，若无发生意外，平均寿命以小型犬为长。

（1）狗的驯化历史

狗是人类最早驯养的动物之一，这一点毋庸置疑，它被驯化的年代大约在一万年前的新石器时期。在西安半坡文化遗址的先民生活区中，曾发现为数众多的狗的骨殖。此外，甘肃秦安大地湾新石器

文化遗址出土的彩陶壶上，也发现了4只家犬的形象，而且都描绘得生动可爱。这都说明，当时人与狗之间的关系相当明确，狗已经成为人类的亲密伙伴。

在我国新石器时代的遗址中，已不断有关于狗的发现。例如在距今7000—6500年前的浙江余姚县河姆渡遗址，发现有狗的骨架；在河北省武安县距今7000年前的磁山遗址，发现有狗头骨的前半部和下颌骨，从其构造上来看，无疑属于驯养成熟的狗，与它的祖先——狼相比，差异甚大。

在我国吉林榆树县周家油坊等地层中，即旧石器时代的更新世晚期，约在公元前2.6万~公元前1万年，发现了大量哺乳类化石。除人类的化石之外，出现了家狗的头骨“半化石”。这类旧石器时代的家狗遗骸，可以表明我国东北地区的居民已开始将狗家化。也就是说，东北家狗在旧石器时代晚期已经出现，时间大约在公元前1万年以前。东胡、戎、狄、肃慎的先民，首先驯养了狗。其中

狗戎就是有名的养狗氏族。

由此可见，东北和蒙古是旧石器时代晚期和新石器早、中期的家狗驯化的中心。除此之外，在河南安阳、河北磁山、陕西西安半坡、山东大汶口、江苏常州等地均发掘到全新世后期家狗的骨骼化石，由此可以肯定，我国是家化狗的中心之一。

（2）狗的主要种类

人类与狗之间经常存在着很强的感情纽带，狗已经成为人类的宠物或无功利性质的同伴。一些研究发现狗能够传递深度情感，这是在其他动物身上所没有发现的。这据称是因为其与现代人类的紧密关系造成。在进化中，幸存下的狗会逐步变得越来越依靠人类为生。下面介绍狗的主要类别。

①玩赏犬

贵宾犬：贵宾犬也可以叫“卷毛狗”，也称贵妇犬、卷毛犬，是具有聪明而且很喜欢狩猎的小动物，特别吸引人注意的是此犬的毛型。

贵宾犬是非常敏捷，聪明而优雅的狗，正方形结构、比例匀称，步伐有力而自信。需要按传统

方式修剪和精心美容，使它具有与众不同的神态和特有的高贵姿态。贵宾犬流行于路易14至路易16时期的法国宫廷，迷你贵宾和玩具贵宾则出现在17世纪的绘画中，这种狗在18至19世纪的马戏团中也十分流行。贵宾犬在19世纪末被首次介绍到美国，但直到二次大战结束后才开始流行，并将最流行品种的荣誉保持了20年。目前，贵宾犬分两大类：标准贵宾首先是猎犬、其次是宠物犬，而迷你贵宾和玩具贵宾仅仅是宠物犬。两大类在标准上完全一致，除了大小不同。

京巴犬：京巴犬又称北京犬、宫廷狮子狗，是我国古老的犬种，已有四千年的历史，护门神麒麟”就是它的化身。京巴犬是一种平衡良好，结构紧凑的狗，前躯重而后躯轻。它起源于我国，有个性，表现欲强，其形象酷似狮子。北京犬气质高贵、聪慧、机灵、勇敢、倔强，性情温顺可爱，对主人极有感情，对陌生人则置猜疑。

吉娃娃：吉娃娃是犬种里最小型，优雅、警惕、动作迅速，以匀称的体格和娇小的体型广受人们的喜爱。吉娃娃犬不仅是可爱的小型玩具犬，同时也具备大型犬的狩猎与防范本能，具有类似大类犬的气质。此犬分为长毛种和短毛种，其体型娇小，对其他狗不胆怯，对主人极有独占心.短毛种和长毛种不同之处在于富有光泽，贴身，柔顺的短被毛。长毛种的吉娃娃除了背毛丰厚外，像短毛种一样具有发抖的倾向，不要认为是感冒。

②家庭犬

沙皮狗：沙皮狗产于我国广东南海大沥镇一带，是世界名种斗狗之一。它一般身高46到56厘米，体重为22～27厘米左右，外形为四方形。其体形独特，头似河马，嘴似瓦筒，三角眼，舌苔青蓝，幼年时全身皮肤充满褶皱，故称之为沙皮狗。沙皮狗的标准外形是背短，身体娇小，头部比身躯大，黑鼻和深兰色舌头，面部及全身的皱纹越深越好，耳小而下垂。其毛质和毛色是毛短而刚硬，像插着刷子般生长。外表似乎神情忧郁，充满哀怨、凝重的沙皮犬，其实心情非常开朗、活泼、顽皮好玩。沙皮狗聪明机智、勇猛善斗、机警灵

活、忠实可爱，对主人非常驯服忠诚，喜欢同儿童玩耍。沙皮狗性情保守，但很聪明，对外来客人一律采取不信任的态度，经过认真观察觉得安全后才接近客人。

松狮犬：松狮犬是世界上相当古老的一个品种，又名熊狮犬、我国食犬、三色斑、汪汪狗、巧巧犬，英国人又称其为我国食犬、翘翘犬。

松狮犬体格强健，身体呈方形，属中型犬，肌肉发达，骨骼粗壮，骨量足，适合寒冷地区。身体紧凑、短、胸宽而深，尾根高，尾巴紧贴背部卷起，四肢笔直，强壮有力。从侧面看，后腿几乎没有明显的弯曲，膝关节和后跗骨在髋关节的正下方。正是这种结构形成了松狮犬独特的短而呆板的步法。头大，颅骨宽而平，嘴阔而深，昂首，头的周围有漂亮的、流苏般的鬃毛环绕。优雅的身体结构要求达到平衡，不能因为过于巨大导致活动不灵敏或不警觉。被毛分短毛和粗糙两种，都是双层毛。松狮集美丽、高贵和自然于一身，拥有独特的蓝舌头，愁苦的表情和独特的步法。

③运动犬

金毛犬：金毛犬是一个匀

称、有力、活泼的犬种，稳固、身体各部位配合合理，腿既不太长也不笨拙，表情友善，个性热情、机警、自信。因其是一种猎犬，在困苦的工作环境中才能表现出他的本质特点。金毛猎犬体格健壮，工作热心，用来捕捉水鸟，任何气候下都能在水中游泳。深受猎手的喜爱，现在有的被作为家犬饲养。

可卡犬：可卡犬分英卡和美卡，原产地分别是英国和美国，又称猎鹬犬。猎鹬犬是“西班牙之犬”的意思，从古法文“espaignol”引申而来。顾名思义，猎鹬犬种来自14世纪西班牙，是猎鸟犬中最小的犬种，擅长驱赶鸟类和寻回猎鸟。以前分为陆地猎鹬犬与水上猎鹬犬，1600年以前，在西欧地区已由许多猎鹬犬种被用来狩猎。18世纪，英国已成功的将其改两为两种品种，一种叫小猎鹬犬，另一种则为可卡猎鹬犬。19世纪以后逐步进入家庭，并发展成为以展示为目的的犬种。目前我们熟知的品种是19世纪固定下来的品种，1930年以前，在英国最受欢迎。

可卡犬性情开朗，聪明理性，工作认真负责，可是有时会表现非常顽固，容易激动和兴奋，其尾巴一直激烈地摇摆，在行动和狩猎时尤其明显。四肢和耳上的毛必须经常修剪和梳理。为了避免肥胖，必须保持足够的运动量。此犬很容易成为忠实的伴侣，必须给与足够的爱护，可卡犬在世界各地极受欢迎。

④狩猎犬

腊肠犬：腊肠犬属活泼、勇敢狩猎犬种，也是唯一会抓老鼠的犬种，它追踪猎物时具有惊人的耐性及体力。嗅觉敏锐，体形类似小型犬，能自如入洞驱赶兔子、狐狸等猎物。性格活泼、聪明，喜爱哄闹。腊肠犬任何毛色都有，胸部有白色小斑或各种颜色的斑点。短毛犬种，毛短且密，尾巴内侧的毛较粗。长毛犬种，毛长且柔软，无光泽的直毛，或有一点波浪状。脚的后侧长有丰厚的饰毛，身体长，肌肉发达，能自如地钻入洞中。头部长，尖端较细，头盖呈拱形。眼暗色，大小适中，如果皮毛是斑纹状，眼睛则一部分或全部为淡青

色。耳朵常动，宽大且长，耳根高。尾沿着背骨下滑、弯曲，尾端向上。前肢肌肉强韧，后肢从后面看是平行的。前足高隆起，而后足稍微小点。标准型犬体重9～12千克，小型犬体重4.5千克。

比格犬：比格犬又称为米格鲁猎兔犬，是世界名犬之一，在分类上属于狩猎犬。比格犬原产英国，是猎犬中较小的一种。被毛短而密实，不沾水，毛色多为棕黄、黑、白三色。比格犬在美国、日本是最受欢迎的十大名狗之一。

比格犬头部呈大圆顶的形状，大而榛色的眼睛，广阔的长垂耳，肌肉结实的躯体，尾更粗像鳅鱼状。比格犬长有浓密生长的短硬毛，毛色有白、黑及肝色的猎犬色，也有白茶色、白柠檬色。

比格犬在古希腊时代是猎兔犬的后裔，其后被训练成猎狐犬，追赶猎物时成群出动，战绩不菲。比格犬由于体形较小，易于驯服和抓捕。其外型可爱，性格开朗，动作惹人怜爱，日渐受到人们的欢迎而成为家庭犬。

⑤工作犬

西伯利亚雪橇犬：西伯利亚雪橇犬属于中型工作犬，脚步轻快，动作优美。身体紧凑，有着很厚的被毛，耳朵直立，尾巴像刷子，显示出北方地区的遗传特征。步态很有特点：平滑、不费力。它

最早的作用就是拉小车，现在仍十分擅长此项工作，拖曳较轻载重量时能以中等速度行进相当远的距离。西伯利亚雪橇犬的身体比例和体形反映了力量、速度和忍耐力的最基本的平衡状况。雄性肌肉发达，但是轮廓不粗糙；雌性充满女性美，但是不孱弱。在正常条件下，一只肌肉结实、发育良好的西伯利亚雪橇犬也不能拖曳过重的东西。

西伯利亚雪橇犬是东西伯利亚游牧民族伊奴特乔克治族饲养的犬种。一向担任拉雪橇，引导驯鹿及守卫等工作。而且能在西伯利亚恶劣的环境下工作，西伯利亚雪橇犬几个世纪以来，一直单独生长在西伯利亚地区。20世纪初，被毛皮商人带至美国，此犬便成为举世闻名的拉雪橇竞赛的冠军犬。现今此犬已倍受人们喜爱。

◆猫

猫已经被人类驯化了3500年（但未像狗一样完全地被驯化），现在，猫成为了全世界家庭中极为广泛的宠物。研究表明，猫不吃老鼠，夜视能力就会有所下降，会长

期丧失夜间活动的能力。据称老鼠体内有一种牛黄酸的物质，可以增强生物的夜视能力，而猫体内不能自己合成该物质，只能通过吃老鼠进行补充。

（1）猫的简介

猫的身体分为头、颈、躯干、四肢和尾五部分，全身披毛。猫的趾底有脂肪质肉垫，因而行走无声。捕鼠时不会惊跑鼠，趾端生有锐利的爪，爪能够缩进和伸出。猫在休息和行走时爪缩进去，捕鼠时伸出来，以免在行走时发出声响，防止爪被磨钝。猫的前肢有五指，后肢有四指。猫的牙齿分为门齿、犬齿和臼齿。犬齿特别发达，尖锐如锥，适于咬死捕到的鼠类，臼齿的咀嚼面有尖锐的突起，适于把肉嚼碎，门齿不发达。猫行动敏捷，善跳跃。

猫猎食小鸟、兔子、老鼠、鱼等。猫之所以喜爱吃鱼和老鼠，是因为猫是夜行动物，为了在夜间能看清事物，需要大量的牛黄酸，而老鼠和鱼的体内就含有牛黄酸，所以猫不仅仅是因为喜欢吃鱼和老鼠而吃，还因为自己的需要所以才吃。猫作为鼠类的天敌，可以有效减少鼠类对青苗等作物的损害。

趣味科普百花园

埃及神话中地府的守望者——猫

猫一直被人们誉为地狱的使者，有说它们有九条命，有说它们是神圣之物不可侵犯，有说它们是灵魂的寄托，有说它们是来自阴间的恶灵。而这一切的一切到底是否真实，众说纷纭，无从解释。这些称谓的来由却是可以道出的，那就是它们都是黑夜的艺术，在漫漫黑夜里，它们轻轻跳跃在屋顶，没有一丝动静，而有时会突然发出喵呜怪异的叫声。使多了一丝诡异，像是灵魂深处的凄叫声，这就是它们，让人胆寒而又宠爱。而它们也因此成为了鬼故事中不可缺少的元素！

（2）猫的演化历史

与狗不同，猫是自我驯化的动物。猫的演化可以追溯至在新生代第三纪古新世演化出的肉齿类，肉齿类动物为所有现代食肉目动物的共同演化祖先。肉齿类动物躯体长、四肢短、足有爪、有44颗牙、大脑不发达。在始新世时，肉齿类衰弱，取而代之的物种是较进化物种“小古猫”，小古猫是现代所有陆栖食肉动物的演化祖先，栖息在森林中，大脑比肉齿类发达，捕食效率高。

渐新世时期，古老食肉动物分支成类似现代食肉动物的样貌，如恐齿猫类。恐齿猫的体态貌似于灵猫和猫，四肢和尾巴长，利用脚掌着地行走（现代猫类用脚趾着地行走）。中新世时发展出类猫科动物类群，类猫科动物的体态已非常像猫，也开始用脚趾着地行走，牙齿的排列也与现代猫类相同。上新世时，类猫科动物类群进化成卢那猫类，为真正的现代猫科动物，无论大小、体态皆与现代猫类相同。现代猫科动物则是在更新世演化出来的。

（3）猫的主要品种

①狸花猫

我国是狸花猫的源产地，它属于自然猫，是在千百年中经过许多品种的自然淘汰而保留下来的品种。人们最熟悉的就要算是“狸猫换太子”（宋朝）的故事了，这也是能够找到的最早有关于狸花猫的记录了。狸花猫非常受人们喜欢，因为它有漂亮、厚实的被毛，健康的身体。容易喂养，并且对捕捉老鼠是十分的在行。但是由于外地猫只的不断引入，纯种的狸花猫已经很少见。

狸花猫有非常圆的头部，两只耳朵存在的间距不短，耳朵的大小十分的合适，有非常宽广的耳根，很深的耳廓，位于尖端的部分比较圆滑。狸花猫有非常宽大的面

颊，让头部有一种十分圆滑的感觉。它那非常大的眼睛很圆，稍稍倾斜，从黄色、金色到绿色不等。鼻子的颜色是砖红色的，黑色“描边”。狸花猫有非常适中的身材，不但有很宽的胸腔，还很深、厚。四肢同尾巴一样，都是长度适中的，非常合适，并且有非常大的力气和很发达的肌肉。狸花猫留给人们的印象是非常健壮的身体以及可爱的大圆脸。

狸花猫有非常独立的性格，爱好运动、非常开朗，如果周围的环境出现了改变，那它会表现得十分敏感。它对主人的依赖性是非常高的，如果突然给它换了个主人，它的心理可能会变得忧郁。虽然成年后的猫不太喜欢和人玩耍，但它还是会随时在主人视线之内走动的。它是非常含蓄的动物，并且对自己充满自信，对主人很忠心。

在家庭中，对于狸花猫的喂养问题非常简单，它不需要太多关注，只要有非常干净的清水与适合它的口粮就可以了，这就是它过快乐生活的必备条件。

②波斯猫

波斯猫是猫中贵族，性情温文尔雅，聪明敏捷，善解人意，少动好静，叫声尖细柔美，爱撒娇，举止风度翩翩，天生一副娇生惯养之态，给人一种华丽高贵的感觉。波斯猫历来深受世界各地爱猫人士的宠爱，是长毛猫的代表。波斯猫体格健壮、有力，躯体线条简洁流畅；圆脸、扁鼻、腿粗短，耳小、眼大、尾短圆。波斯猫的背毛长而密，质地如棉，轻如丝；毛色艳丽，光彩华贵，变化多样。

波斯猫历史悠久，大约16世纪就经法国传入英国，18世纪被人带到意大利，19世纪由欧洲传到美国。据说维多利亚女王养了两只蓝色波斯猫，威尔士王子（爱德华七世）在猫展上对其大为褒奖，从此波斯猫的名声越来越大，公众也由此而为之倾慕。

波斯猫每窝产仔2～3只，幼仔刚出生时毛短，6周后长毛才开始长出，经两次换毛后才能长出长毛。由于它们的毛长而密，所以夏季不喜欢被人抱在怀里，而喜独自躺卧在地板上。

③缅甸猫

缅甸猫共有10个品种，其性格温顺，活泼好动，叫声轻柔，谈谐有趣，富于表情，勇敢，聪颖，爱撒娇。很多人发现，养一对缅甸猫或几只不同毛色的缅甸猫更有乐趣。

缅甸猫较早熟，约5个月就开始发情，7个月就可交配产仔。其寿命较长，一般为16～18岁，有的甚至更长。

缅甸猫不像暹罗猫叫声吵

闹，它性格温和，顽皮活泼，叫声和动作都很可爱。喜欢与人作伴，不惧怕陌生人，像个小孩子，特别亲切友好，和谁都能亲近，是很好的观赏伴侣动物，很适合饲养在有小孩的家庭。

④喜马拉雅猫

喜马拉雅猫是由暹罗猫与波斯猫经由人工繁殖而来。由瑞典人贝斯培育而成，除了蓝眼睛和重点色毛皮外，其余特征等同于波斯猫。毛色和毛质如同暹罗猫，另加豹色点状 、蓝色点状 、巧克力色点状和淡紫色点状4种点状毛色。毛质同波斯猫，为光滑浓密的双层毛触感柔细。

⑤暹罗猫

暹罗猫源于泰国，它们毛短体长身瘦，有着深蓝色美丽的眼睛和较深色的面部。暹罗猫据信是世界上最古老的猫种，他们非常喜欢人的陪伴。喜欢躺在床上、椅子上、人的腿上和身上。它们非常聪明和富有感情，性格柔顺，对小孩子很宽容，可以给老人做伴，他们通常

喜欢呆在家里，不喜欢到外面疯跑，是很理想的宠物伴侣。

暹罗猫头细长呈楔形，头盖平坦，从侧面看，头顶部至鼻尖成直线。脸形尖而呈“V”字形，口吻尖突呈锐角，从吻端至耳尖形成V字形。鼻梁高而直，从鼻端到耳尖恰为等边三角形。两颊瘦削，齿为剪式咬合。耳朵大，基部宽，耳端尖、直立。眼睛大小适中，杏仁形，深蓝色。从内眼角至眼梢的延长线，与耳尖构成“V”字形，眼微凸，长度与后肢相等。柔韧性好，肌肉发达，身材苗条，长得棱角分明，腿细而长。掌小，呈椭圆形。尾巴长而美丽，尾端尖，略卷曲。

⑥埃及猫

埃及猫中等头部带有圆形感，有一双大耳朵。脸、四肢和尾巴有条纹，由喉到胸有横两条项链花纹。古埃及有一名为“巴蒂斯特”，外形如猫的女神，脸上有如埃及猫般的点状花纹，此猫被认为是古埃及人所饲养的猫。埃及猫是唯一不需人工繁殖形成点状花样的猫种。埃及猫被喻为“小型豹”，身上有着大大小小的点状花纹。至于额头，在埃及型和英国型有甲虫图案，但美国型则为“M”字。银色、青铜色和黑灰色是基本毛色，体毛柔滑。

⑦俄罗斯蓝猫

俄罗斯蓝猫头部仿佛由数个平面构成，额头平坦，由侧面看像蛇，故称作“眼镜蛇的头”。其全身由带银光的蓝毛包着，眼睛为绿色。19世纪末，该猫首度出现于猫展，当时的体型接近短身型。但世界大战后，常与暹罗猫交配，变成纤细体型。不过自1960年代以后，有返回原体型的倾向。其四肢细长、脸窄小，大耳朵极薄，具双层短毛。此猫性情内敛且温顺，绝不会乱叫。

第三章 述说家禽文化

我国农业历史悠久，源远流长，从远古时期的茹毛饮血到现代文明的繁盛，农业在人类历史的发展中作出了不可磨灭的贡献。我们的祖先早在远古时期，根据自身生活的需要和对动物世界的认识程度，先后选择了鸡、鸭和鹅等动物进行饲养驯化。经过漫长的岁月，这些动物都逐渐成为了家禽。

家禽各有所长，在悠远的农业社会里，为人们的生活提供了基本保障。我国祖先在漫长的家禽驯养过程中，逐渐产生了与鸡、鹅等家禽有关的文化故事，如关于鸡、鹅的成语和故事及禁忌文化等。本章就家禽的众多文化进行阐述解说。

鸡文化叙述

我国鸡文化源远流长，内涵丰富多彩。我国甲骨文中有“鸡”字，说明我国远在 3000多年前就认识鸡，养鸡在我国有文字可查的历史至少已有 3000多年，是世界上最早养鸡的国家之一，也是最早发现鸡有多种药用价值的国家。

在我国的传统文化中，鸡与“吉”谐音，是阳性的象征。人们认为太阳的升落与鸡有关，雄鸡一鸣，太阳驱散阴霾。我国古代民俗中，龙和凤都是神化的动物，鸡却是一种身世不凡的灵禽，例如凤的形象来源于鸡。《太平御览》：“黄帝之时，以凤为鸡。”传说鸡为日中乌，鸡鸣日出，带来光明，能够驱逐妖魔鬼怪。据考，晋董勋《答问礼俗》中说：正月初一为鸡日，正旦画鸡于门。魏晋时期，鸡成了门画中辟邪镇妖之物。南朝宗檩撰《荆楚岁时记》也载有“正月一日……贴画鸡户上，悬苇索于其上，插桃符其傍，百鬼畏之”。此习俗流传下来，使在门楣上贴鸡成为四川成都一带春节的习俗。过去在桃花坞年画中也有“鸡王镇宅”的年画，图案上是一只大公鸡口衔毒虫。

古代计时器尚未发明，早晨

的鸡鸣一声，向人们报告新一天的开始，它不仅是庄户人家的时钟，也是公共生活的时钟。战国时代著名的函谷关，开关时间就以鸡鸣为准。落魄而逃的孟尝君，面对大门紧闭的关口，担心后面追兵到，食客中有会口技者，学鸡鸣，一啼而群鸡尽鸣，骗开关门。这个故事被司马迁写入《史记》，传为熟典。

◆斗鸡历史

斗鸡是我国古老的鸡种，约有两千多年的历史。《史记》和《汉书》上多处记载有关“斗鸡走狗”之事。公元前770年，春秋战国时期的鲁季平子与郈昭伯以斗鸡而得罪于鲁昭公，竟互相打起架来。据山东《成武县志》记载：“斗鸡台在文亭山后。周渲王三年(公元前679年)，齐桓公以宋背北杏之会，曾携诸侯伐宋，单伯会之，取成于宋北境时，斗鸡其上。”可见当时奴隶主玩斗鸡已颇盛行。魏曹时代，魏明帝于太和(公元297—235年)年间，在邮都(今河北省魏县)筑起了斗鸡台，赵王石虎玩斗鸡于此，曾有“斗鸡东郊道，走马长楸间”的诗句。唐代文学家陈鸿《东城父老传》记有：“玄宗(公元712—756年)在藩邸时乐民间清明节斗鸡戏，及即位，治鸡坊于两宫间，家长安雄鸡，金毫、铁距、高冠、昂尾千数，养放鸡坊。”可见当时玩斗鸡到了何等程度。明高

启(公元1336—1374年)著有《书博鸡者事》。今陕西宝鸡还有以“斗鸡台”为地名的史迹。由此可见，我国斗鸡的形成已有悠久的历史。

斗鸡在我国历史上久盛不衰，曾被人们作为消遣和夸豪斗胜的手段，这从考古出土的汉代石刻和画像砖上可见形象逼真的斗鸡图。《战国策•齐策》最早记载我国先秦时期的斗鸡娱乐：“临淄之中七万户……其民无不吹竽鼓瑟，弹琴击筑，斗鸡走狗，六博蹋鞠者。”斗鸡的风气在唐代很盛行，尤其是特权阶层的人物———宠信宦官、王孙公子。

斗鸡以后又推广到军中，用以激励战士的勇气，提高兵卒的斗志，当年日本遣使来朝，曾把斗鸡的见闻介绍回国，日本也仿效一时。以后又传向老挝、越南、菲律宾等国。如今国内和世界各地还有斗鸡。老挝和越南（1968年）、菲律宾（1997年）等国都曾发行过斗鸡邮票；古巴1981年5月25日发行的《斗鸡》邮票的1套，全6枚，图6为第一枚，是一只昂首好斗的斗鸡。菲律宾1997年12月18日发行了《斗鸡》邮票，全套 8枚（两个四方连）和2枚小型张，邮票描绘斗鸡用的鸡，小型张描绘两鸡相斗的场面。

雄鸡作为善斗的勇士，它的气魄和英姿，自古以来就深受文人墨客的赏识，常以雄鸡作为诗、画创作的素材。例如，《诗经•风雨》云“风雨如晦，鸡鸣不已”，后来“风雨如晦，鸡鸣不已”被引申为形容在风雨飘摇、动乱黑暗的年代，有正义感的君子还是坚持操守，勇敢地为理想而斗争。1937年，抗日战争暴发，中华民族正处

于危难之时，著名画家徐悲鸿曾创作一幅令人精神振奋的《雨中鸡鸣》。画中一只大公鸡骄傲地站在一块大石头上，在雨中昂首挺胸，引吭高歌，号召（寓意）有血气的青年，起来为中华民族的解放、为真理而斗争！

◆关于鸡的成语故事

（1）闻鸡起舞

“闻鸡起舞”的鸡是指鸡鸣，舞是舞剑、习武。它说的是晋朝人祖逖的故事。祖逖胸情开阔，不怎么讲究仪表，但却胸有大志。起初他不喜欢读书，后来发愤攻读，学问大有长进，他与刘琨一道担任过司州主簿，感情很好，夜里经常同盖一床被子谈论国家大事，谈到激动的地方，即使是半夜也要坐起来。一次半夜里忽然听到鸡叫，祖逖踢醒刘琨说：“这是吉祥的声音呀！”边说边下床，走到院子里舞起剑来。他们曾经相约：天下大乱，豪杰共想，他们就一道到中原去避难。晋元帝时，祖逖任豫州刺史，北伐渡江之际，他叩着船桨发誓说：“不收复中原而再渡江返回者，誓不为人！”渡江以后，他率领部下与石勒的军队相持，收复了不少失地，恢复了东晋黄河以南的许多领地。“闻鸡起舞”后来形容有志之士及时奋发自励。

（2）鸡犬升天

通常是说：“一人得道，鸡犬升天”。这是晋朝葛洪《神仙传》中记述的一则故事。汉朝淮南王刘安爱好寻求仙方神术，有个名叫八公的仙翁，传授给他炼制仙丹的办法。刘安炼成吃下以后，就在大白天升天而去。他临去时，将剩余的仙药放在庭院中，鸡和狗也吃了，都升上了天，所以鸡在天上鸣，狗在云中叫。“一人得道，鸡犬升天”比喻一个人做了宙官，和他有关系的人都跟着得势。而那些依附权势而长官发财的人，也被讥为“淮南鸡犬”。

（3）鹤立鸡群

鹤代表高雅，鸡意谓平庸。鹤立鸡群，当然超乎脱俗了，这说的是晋朝嵇绍的事。嵇绍是魏晋之际“竹林七贤”之一嵇康的儿子，他体态魁伟，聪明英俊，在同伴中非常突出。晋惠帝时，嵇绍官为侍中。当时皇族争权夺利。互相攻杀，史称为“八王之乱”，嵇绍对皇帝始终非常忠诚。有一次都城发生变乱，形势严峻，嵇绍奋不顾身奔进官去。守卫宫门的侍卫张弓搭箭，准备射他。侍卫官望见嵇绍正气凛然的仪青，连忙阻止侍卫，并把弓上的箭抢了下来。不久京城又发生变乱，嵇绍跟随晋惠帝，出兵迎战于汤阳，不幸战败，将士死伤逃亡无数只有嵇绍始终保护着惠帝，不离左右。敌方的飞箭，像雨点般射过来，嵇绍身中数箭，鲜血直流，滴在惠帝的御袍上。嵇绍就这样阵亡了。事后惠帝的侍从要洗去御袍上的血迹，惠帝说：“别洗别洗，这是嵇侍中的血啊！”

嵇绍在世时，有一次有人对王戎说：“昨天在众人中见到嵇绍，气宇轩昂如同野鹤立鸡群之中。”后来就用“鹤立鸡群”比喻一个人的仪表或才能在周围一群人里显行很突出。

（4）鸡口年后

鸡的嘴巴，牛的肛门。愿意当前者，还是后者？有一句成语就是“宁为鸡口，无为牛后”，简称“鸡口牛后”。这是战国时代苏秦的话。战国后期，秦国最为强大，各国围绕着与秦国的关系和态度，有的主张“连横”，有的主张“合纵”。连横就是以秦国为核心，联合各国为一体，这是站在秦国的立场上；合纵就是秦以外的各国结成联盟，共同对抗秦国。前者以张仪为代表，后者以苏秦为代表。张仪劝韩王倒向秦国，苏秦则劝韩王切不可上秦国的当。苏秦对韩王说：“韩国领土广大，地势险要，又有勇敢善战的军队，为什么要向秦国低头呢？韩国如果表示屈服，秦国一定首先要求割地给它。今年给这一块，明年它又会有背后的要求，韩国的领土有限而秦国的贪欲无限，您怎么也满足不了它。俗话说：宁为鸡口，无为牛后。您要跟着秦国合作，那就是做牛后了，我真替大王您难为情啊！”韩王听了这一番话，又气又急，大叫道：“先生说得对，我死也不能向秦国屈服！”苏秦是劝韩国宁可作一自由独立的小国，而不要当秦国的附庸。鸡口虽小却是进食的地方，牛后虽大，却是出粪的地方。也有人认为“鸡口牛后”应为“鸡尸牛从”，鸡尸比喻独立作主，牛从比喻臣服于人。但“宁为鸡口，无为牛后”已广为流传，并被人们以常使用。它比喻宁愿在局面小的地方自主，而不愿在局面大的地方听人支配。

（5）呆若木鸡

这一成语与斗鸡有关，语出《庄子》和《列子》。据传，周宣王爱好斗鸡，纪子是一个有名的斗鸡专家，被命去负责饲养斗鸡。10天后，宣王催问道：“训练成了吗？”纪子说：“还不行，它一看见别的鸡，或听到别的鸡叫，就跃跃欲试。”又过了10天，宣王问训练好了没有，纪子说：“还不行，心神还相当活跃，火气还没有消退。”再过了10天，宣王又说道：“怎么样？难道还没训练好吗？”纪子说：“现在差不多了，骄气没有了，心神也安定了，虽然别的鸡叫，它也好像没有听到似的，毫无所应，不论遇见什么突然的情况它都不动、不惊，看起来真像木鸡一样。这样的斗鸡，才算训练到家了，别的斗鸡一看见它，准会转身就逃，斗也不敢斗。”宣王于是去看鸡的情况，果然呆若木鸡，不为外面光亮声音所动，可是它的精神凝聚在内，别的鸡都不敢和它应战，看见它就走开了。呆若木鸡本来比喻精神内敛，修养到家。有人从中领悟出人生的大道理，认为人的处世如不断绝竞争之心，则易树敌，彼此仇视；如消除竞争的心理，自然会让竞争的对手敬畏。后来“呆若木鸡”的意义演变为比喻人呆木不灵，失去知觉的样子，或形容人因恐惧或惊讶而发愣的样子。

鹅文化叙述

鹅属于雁型目类能漂浮于水面的游禽，喜欢在水中生活。鹅羽毛洁白，姿态优美，古今中外流传了不少关于鹅的耳熟能详的故事。如“千里送鹅毛，礼轻情意重”“王羲之书换白鹅”等。

◆文人佳话与鹅

晋王羲之爱鹅，不管哪里有好鹅，他都有兴趣去看，或者把它买回来玩赏。鹅走起路来不急不慢，游起泳来悠闲自在。王羲之爱鹅，也喜欢养鹅，他认为养鹅不仅可以陶冶情操，还可以从鹅的体态姿势、行走姿态上和游泳姿势中，体会出自然就是美的精神以及书法运笔的奥妙，领悟到书法执笔、运笔的道理。他认为执笔时食指要像鹅头那样昂扬微曲，运笔时则要像鹅掌拨水，方能使精神贯注于笔端。

有一天清早，王羲之和儿子王献之乘一叶扁舟游历绍兴山水风光，船到县禳村附近，只见岸边有一群白鹅，摇摇摆摆的模样，磨磨蹭蹭的形态。王羲之看得出神，不觉对这群白鹅动了爱慕之情，便想把它买回家去。王羲之询问附近的道士，希望道士能把这群鹅卖给他。道士说："倘若右军大人想要，就请代我书写一部道家养生修炼的《黄庭经》吧！"王羲之求鹅心切，欣然答应了道士提出的条件。这就是"王羲之书换白鹅"的故事。

王羲之爱鹅出了名。在他居住的兰亭，他特意建造了一口池塘养鹅，后来干脆取名"鹅池"。池边建有碑亭，石碑刻着"鹅池"两字，字体雄浑，笔力遒劲。人们看了赞叹不绝。提起这块石碑，又有一个美妙的传说。

传说有一天，王羲之拿着羊毫毛笔正在写"鹅池"两个字。刚写完"鹅"字时，忽然朝廷的大臣拿着圣旨来到王羲之的家里。王羲之只好停下笔来，整衣出去接旨。在一旁看王羲之写字的王献之，也是一个有名的书法家，他看见父亲只写好了一个"鹅"字，"池"字还没写，就顺手提笔一挥，在后接着写了一个"池"字。两字是如此相似，如此和谐，一碑二字，父子合璧，更是成了千古佳话。

◆有关鹅的成语与故事

（1）水净鹅飞

【释义】：比喻人财两失，一

无所有。亦比喻民穷财尽。

【出处】: 元•无名氏《云窗梦》第四折:“我则道地北天南，锦营花阵，偎红倚翠，今日个水净鹅飞。”

（2）鹅毛大雪

【释义】: 像鹅毛一样的雪花。形容雪下得大而猛。

【出处】: 唐•白居易《雪夜喜李郎中见访》:“可怜今夜鹅毛雪，引得高情鹤氅人。”

（3）千里送鹅毛，礼轻情意重

唐朝贞观年间，西域回纥国是大唐的藩国。一次，回纥国为了表示对大唐的友好，便派使者缅伯高带了一批珍奇异宝去拜见唐王。在这批贡物中，最珍贵的要数一只罕见的珍禽——白天鹅。

缅伯高最担心的也是这只白天鹅，万一有个三长两短，可怎么向国王交待呢？所以，一路上，他亲自喂水喂食，一刻也不敢怠慢。

这天，缅伯高来到沔阳河边，只见白天鹅伸长脖子，张着嘴巴，吃力地喘息着，缅伯高心中不忍，便打开笼子，把白天鹅带到水边让它喝了个痛快。谁知白天鹅喝足了水，合颈一扇翅膀，“扑喇喇”一声飞上了天！缅伯高向前一扑，只拔下几根羽毛，却没能抓住白天鹅，眼睁睁看着它飞得无影无踪。一时间，缅伯高捧着几根雪白的鹅毛，直愣愣地发呆，脑子里来来回回地想着一个问题：“怎么

办？进贡吗？拿什么去见唐太宗呢？回去吗？又怎敢去见回纥国王呢！”思前想后，缅伯高决定继续东行，他拿出一块洁白的绸子，小心翼翼地把鹅毛包好，又在绸子上题了一首诗：“天鹅贡唐朝，山重路更遥。沔阳河失宝，回纥情难抛。上奉唐天子，请罪缅伯高，礼轻人意重，千里送鹅毛！”

缅伯高带着珠宝和鹅毛，披星戴月，不辞劳苦，不久就到了长安。唐太宗接见了缅伯高，缅伯高献上鹅毛。唐太宗看了那首诗，又听了缅伯高的诉说，非但没有怪罪他，反而觉得缅伯高忠诚老实，不辱使命，就重重地赏赐了他。

这便是“千里送鹅毛，礼轻情意重”的原史，现在用它来表示“虽然我送的礼物不贵重，但我对你的情意却很深厚”的意思。

家禽禁忌文化

由于家禽与人们生活特殊的亲密关系，便产生了一些有关家禽的禁忌习俗。

鸡在民俗文化中有着特殊的地位。民间以其读音谐“吉”，故常以鸡为牺牲献祭，并用以禳灾祛邪。据说鬼怕鸡血的缘故，是因为鸡的鸣叫能唤出太阳，为人世间带来光明，从而吓退一切魑魅魍魉。但俗话又说“公鸡不啼母鸡啼，主人不死待何时”，因而必须将这母鸡立即杀掉，所谓“母鸡会啼都斩头”。有的地方还要将鸡头挂在竹竿或树上，焚香禳解一番，以求消灾免祸。

即使是公鸡啼鸣，也有一些方向和时间方面的禁忌。如拉祜族旧时忌讳公鸡西向打鸣。俗话说：“公鸡西鸣，家有不宁”。犯忌的公鸡亦必立即宰杀，以祓不祥。旧时江苏南京及湖南一带又有忌公鸡在黄昏进或一二更天里打鸣的习俗。

由于鸡崇拜的俗信观念存在，所以有些时候是禁忌杀鸡的。如景颇族的传统节日新米节，按当地的习惯就禁忌杀鸡。民间平时虽常食用鸡肉，但杀鸡时也常常要叨一句：“鸡是阳间一口菜，杀了你也别怪。”

鸭在南方一带常有忌讳。因水多的地方鸭子养得也多，而越是常见的事物就越容易引起禁忌的联想。

鹅，也常被民间视为有灵性的禽类。河南方城一带，忌讳家养鹅跑到外村中去，认为这是主人要破财、破产和逃亡在外的征兆。

第四章　述说家畜文化

动物的种类成千上万，唯有家畜和人的关系最为密切。家畜在我国的农业文化中是一个重要的概念，有着悠久的历史。家畜中的牛、羊、马、猪、狗等，它们是人类为了经济或其他目的而驯养的，在十二生肖中都占有一席之地。在我国的传统观念中，“六畜兴旺”代表着家族人丁兴旺、吉祥美好。春节时人们一般都会提“六畜兴旺”。

在《三字经•训诂》中，对“此六畜，人所饲”有精辟的评述，“牛能耕田，马能负重致远，羊能供备祭器”，“犬能守夜防患，猪能宴飨速宾”，还有“鸡羊猪，畜之孳生以备食者也”。六畜各有所长，在悠远的农业社会里，为人们的生活提供了基本保障。

古人把牲畜中的马、牛、羊列为上三品，马和牛只吃草料，却担负着繁重的体力劳动，是人们生产劳动中不可或缺的好帮手。性格温顺的羊，在古代象征着吉祥如意，人们在祭祀祖先的时候，羊又是第一祭品，当然会受到男女老少的叩拜，羊更有“跪乳之恩”，遂被尊其为上品。本章就家畜的相关文化进行阐述。

关于马的文化

马在我国传统的十二生肖中排名第七位。我国有姓马的，马姓是常见的姓氏之一。除了汉族以外，其他少数民族也有不少姓马的。马姓是回族的大姓之一，云南回族几乎清一色姓马。

◆古代君王的马——昭陵六骏

昭陵六骏是指陕西礼泉唐太宗李世民陵墓昭陵北面祭坛东西两侧的六块骏马青石浮雕石刻。每块石刻宽约2米、高约1.7米。六骏是李世民在唐朝建立前先后骑过的战马，分别名为“拳毛騧”“什伐赤”“白蹄乌”“特勒骠”“青骓”“飒露紫”。为纪念这六匹战马，唐太宗令工艺家阎立德和画家阎立本，用浮雕描绘六匹战马列置于陵前。

“昭陵六骏”造型优美，雕刻线条流畅，刀工精细、圆润，是珍贵的古代石刻艺术珍品。六骏中的“飒露紫”“拳毛騧”1914年被打碎装箱盗运到美国，现藏于宾夕法尼亚大学博物馆。其余四块也曾被打碎装箱，盗运时被截获，现陈列在西安碑林博物馆。这组石刻分别表现了唐太宗在开国重大战役中

的所乘战马的英姿。

拳毛䯄：黄皮黑嘴，身布连环旋毛。唐太宗平刘黑闼时所乘，身中九箭。唐太宗赞曰："月精按辔，天马行空，弧矢载戢，氛埃廓清。"

什伐赤：虎牢关大战唐太宗逐个击破王世充、窦建德时所乘，臀中五箭。

白蹄乌：唐太宗平薛仁杲时所乘，无箭伤。唐太宗赞曰："倚天长剑，追风骏足，耸辔平陇，回鞍定蜀。"

特勒骠：白里沁黄，唐太宗平宋金刚时所乘，无箭伤。

青骓：唐太宗平窦建德时所乘，四蹄腾空，身中五箭，其中前体一箭，后体四箭。

飒露紫：唐太宗征洛都王世充时所乘，前胸中箭，丘行恭与唐太宗换骑，并为飒露紫拔箭。唐太宗赞曰："紫燕超跃，骨腾神骏，气詟三川，威凌八阵。"浮雕里附一人，仿丘行恭拔箭。

◆我国的养马历史

我国是世界上养马历史最悠久的国家之一，也是马文化比较发达的国家之一。早在5000多年前已用马驾车，殷代即开始设立马政，是世界上最早的马政雏形。周代将马分为六类，即种马、戎马（军用）、齐马（仪仗用）、道马（驿用）、田马（狩猎用）、驽马（杂役用）。秦汉已建立了比较完整的马政机构，大规模经营马场。汉代在西北边区养马30万匹，唐初在西北养马70余万匹，在经营管理上又有所改进。汉唐盛期，从西域引入良马7000多匹，改良军马。当时养马业的兴盛，不仅对国防起了重要作用，还进一步沟通了中原和西域

的文化。

随着养马业的发展，历朝历代积累了丰富的养马经验，在养马科学上也取得了很大的成就。远在周代出现善于养马的非子，善于赶马车的造父。春秋战国时期有很多相马家，各家判断良马的角度不同，形成各种流派，为我国古代相马学奠定了基础。赵国的王良，秦国的九方皋，特别出名的秦穆公的监军少宰孙阳，世人敬仰选马技术超群而喻为伯乐。伯乐著的《相马经》，是世界上最早的相马著作，一直流传至今。唐代有其他相马经问世。

宋代曾施行过保马法，效果不大。元代重视养马，但只注意当地养马业的发展。明代采历代马政制度所长，重视养马，马政设施甚为完备。清代扩充了官办马场，限制民间养马，禁止贩马，使民间养马业受到摧残。辛亥革命后军阀连年混战，养马衰落，特别是抗日战争时期，马匹数量损失严重。新中国成立后，党和政府对发展耕畜采取保护和奖励政策。在积极发展马匹数量的同时，注意马匹质量的提高，除本地品种选育外，引入优良品种进行杂交改良和培育新品种，取得显著成就。

关于牛的文化

牛是我国的十二生肖之一，在十二生肖中排名第二。牛在西方文化中是财富与力量的象征，源于古埃及，依照《圣经·出埃及记》的记载，以色列人由于从埃及出奔不久，尚未摆脱从埃及耳濡目染的习俗，就利用黄金打造了金牛犊，当作耶和华上帝的形象来膜拜。

在我国，牛被看作人们命运的守护神。其实牛获得十二生肖中排行第二的位置，完全是依靠着面朝黄土背朝天的埋头苦干精神拼搏而来的。

◆牛的精神内涵

我国对牛图腾的崇拜起源，可以追溯到4000年前大禹治水时期。相传大禹治水时，每治好一处，就要铸铁牛投入水底，以镇水患。到了唐代，铁牛便改设岸上了。古人认为，终生耕田犁地，开垦荒原的牛，是天庭盗取天仓谷种下凡拯救黎民百姓的社稷神。而天帝为了惩罚牛，让牛世代受劳作之苦，为人类所驱役宰杀。可以说，牛就是我国的“普罗米修斯”。

古人认为牛拥有“五行”中土属性和水属性的神力，是风调雨顺，国泰民安的象征。五行中讲水能生木，所以牛的耕作能促进农作物生长。又讲土能克水，所以古人们在治水之后，常设置铜牛、铁牛以镇水魔。全国各地也有出土的实物证据——比如闻名遐迩的黄河铁牛。

牛在我国文化中是勤力的象征，古代就有利用牛拉动耕犁以整地的应用。后来人们知道牛的力气巨大，开始有各种不同的应用，从农耕、交通甚至军事都广泛运用。战国时代的齐国还使用火牛阵，三国时代蜀伐魏的栈道运输也曾用到牛。

股票价格持续上升被称为“牛市”，下跌称“熊市”，因为牛象征生产与增值，熊有“破坏者”与“威胁”的寓意。

牛在印度教中被视为神圣的动物，因为早期恒河流域的农耕十分仰赖牛的力气，牛粪也是很重要的肥料，牛代表了印度民族的生存与生机。

匈奴、蒙古等游牧民族，除了牧马之外，牧牛也相当常见。蒙古草原盛产蒙古牛，西藏高原盛产牦牛。受游牧民族文化影响的汉人，会比江南更盛行牛肉、牛乳的食用。

◆斗牛文化

斗牛是西班牙的国粹，西班牙将牛当作冒险娱乐的对象。例如专业的斗牛与常民化的奔牛活动，利用牛对红色敏感的特性，借着激怒牛然后由斗牛士与之决斗。

西班牙斗牛活动风靡全国，享誉世界。尽管从动物保护的观点上看目前人们对此存在争议，但是作为西班牙斗牛，这种特有的古老传统还是保留到现在，并受到很多人的欢迎。斗牛季节是3月至10月，斗牛季节里，每逢周四和周日各举行两场。如逢节日和国家庆典，则每天都可观赏。

斗牛场面壮观，格斗惊心动魄，富有强烈的刺激性。千百年来，这种人牛之战吸引着世界各地的人们，更是现代西班牙旅游业的重要项目。西班牙全国共有400多个斗牛场，首都马德里的范塔士斗牛场最具规模，古罗马式的建筑壮观堂皇，可容纳三四万人。

西班牙的斗牛历史可追溯到两千多年前，他们先是以野牛为猎获的对象，而后拿它做游戏，进而将它投入战争。18世纪以前，斗牛基本是显示勇士杀牛的剽悍勇猛。1743年马德里兴建了第一个永久性的斗牛场，斗牛活动逐渐演变成一项民族娱乐性的体育活动。

当发疯的猛牛低头用锋利的牛角向斗牛士冲来，斗牛士不慌不忙双手提着斗蓬做一个优美的躲闪动作，猛牛的利角擦着斗牛士的衣角而过。这生死之际的优美一闪，让全场的观众如痴如醉。人们认为，斗牛作为西班牙最具代表性的民族体育项目，代表着西班牙人的粗犷豪爽的民族性格。西班牙人说，这是他们的天性，来自于他们的生存环境。

关于羊的文化

羊是与上古先人生活关系最为密切的动物。羊伴随中华民族步入文明，与中华民族的传统文化的发展有着很深的历史渊源，影响着我国的文字、饮食、道德、礼仪、美学等文化的产生和发展。

◆与羊有关的民俗

哈萨克、蒙古、塔吉克以及阿富汗一些国家和民族流行“叼羊”的马上游戏。在喜庆的日子里，人们在几百米外放一只羊，骑手们分成几队准备冲上抢夺。也有一青年骑手持羊从马队中冲出来，后面的人紧紧追随，其中有人配合争夺羊，也有人保护羊，以叼羊到终点者为胜。取得胜利的人，当场把羊烧熟，然后大家一起分享。

旧时汉族民间有“送羊”的岁时风俗，流行于河北南部。每年农历六月或七月间，外祖父、舅舅给小外甥送羊，原先是送活羊，后来改送面羊，传说此俗与沉香劈山救母有关。沉香劈开华山救出生母后，要杀死虐待其母的舅舅杨二郎，杨二郎为重修兄妹之好，每年给沉香送一对活羊(羊与杨谐音)，从而留下了送羊之风俗。另外，民

间以每月初六、初九为羊日，青海藏民此日禁止抓羊。山东、湖北、江西则有谚语：“六月六日阴，牛羊贵如金。”又以为属马、狗、鼠者忌羊日，属羊者忌鼠、牛、马、狗日。

锡伯族民间有“抢羊骨头”的婚俗，流行于今新疆地区。婚礼之后，迎亲爹娘在新郎新娘的炕沿上放上一块羊大腿骨，双方姐妹兄弟聚于新房，迎亲娘将拴有红线的两个酒杯放在盘里，然后迅速将两只酒杯换来换去，从而使两位新人分不清哪是水，哪是酒，然后让他们任选一杯，喝到酒的为大吉，接着要连饮三杯。之后，双方兄弟姐妹开始抢羊骨头。男方家人抢到羊骨头认为是新郎勤劳能干，能养妻子，家庭美满幸福；女方家人抢到羊骨头，则认为新娘会持家，家庭和睦兴旺。

新疆哈萨克放流行“羊头敬客”的交际风俗。新友到来，宰羊招待。吃饭时，先端上熟羊头，羊脸朝向客人的位置，然后主人请客用刀割羊肋肉献给在坐的长者，后割一块羊耳给在座的幼者，再随意割一块给自己，然后将羊头盘捧还给主人。另外，全羊是蒙古、哈萨克、柯尔克孜、塔吉克等民族的传统佳肴。上席时，将大块羊肉放入托盘，摆成整羊武装，以羊头献客。

关于猪的文化

我国养猪史长达9000多年，猪文化十分流行，其内涵也非常丰富，可以说猪文化在中华文化乃至世界传统文化中均占有重要的一席。猪很早就被人们驯化了，甲骨文中就有“家”字，它上部的(宝盖头)表示房舍，下部就是“豕”，反映了上古时代许多家庭都已养猪。还有“豢”字，意为喂养、饲养，“豪”字，本义是箭猪项脊间的长毛，两个字也都以“豕”为形旁。

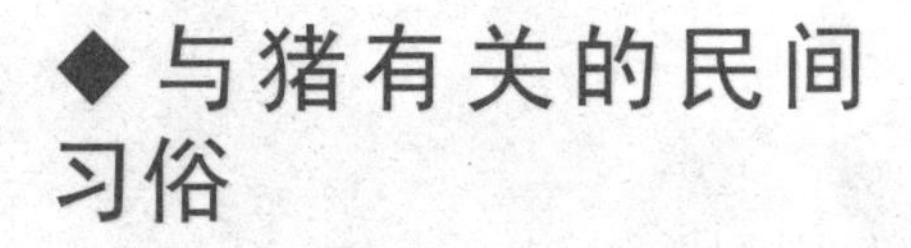

◆与猪有关的民间习俗

春节前，人们一般在腊月二十五日前杀猪，二十六日为封刀日，就不能再动刀了。浙江一带在杀猪时讲究“一刀清”，即一刀杀死，否则认为不吉利。进刀时屠户要讲一句“出世入身”的话，小孩妇女不能观看。杀后要将粘有猪血的利市纸压在室角或猪栏内，以示猪没有死。猪毛要用吹火筒盛，开水全入桶后，把吹火筒的下端浸入汤桶，上端用口吹气，沿桶吹一圈，以示以后养猪长得又快又大。刮猪毛时，要在猪头和猪尾各留一快毛，意为“有头有尾”。然后将整条猪放在凳上，先是猪头朝外，养主烧香及猪毛谢天地，将猪剖成两片。除新年食用外，其余的腌入缸中，以备年后再用。

天津、河北等地有“肥猪拱门”的节日窗花，是用黑色蜡光纸剪成。猪背上驮一聚宝盆，张贴时左右各贴一张，表示招财进宝之意。

陕西一带有送猪蹄的婚俗。结婚前一天，男方要送四斤猪肉、一对猪蹄，称“礼吊”。女方将“礼吊”留下后，还要将猪前蹄退回。婚后第二天，夫妻要带双份挂面及猪后蹄回娘家，留下挂面，后蹄退回，俗称“蹄蹄来，蹄蹄去”，表示今后往来密切。

云南西双版纳的布朗族，在婚礼的当天，男女两家要杀猪请客。除请客外，还要将猪肉切成小块，用竹竿串起来分送各家，以示“骨肉之亲”之意。

过去汉族有一种“打母猪鬼”的民间驱邪活动。凡家中有病灾不幸之事，家中长者便设香案，

以打母猪鬼来祭，向神灵许愿，求得驱邪。祭时，要选黄道吉日，杀老母猪，心、蹄、肝、肠、肺等放在一个筐里，摆在堂屋中间。主持人燃香祝拜，祭完后，将内脏煮熟后分吃掉。民间认为“杀死一母猪鬼，驱除一个邪”。

云南佤族有“猪胆卦”的占卜风俗。杀猪后，根据猪胆判断吉凶。如果胆纹上下行，胆内水分多，为吉卦；胆纹左右行，胆内水分少，为隐卦。一般在举行重大活动时使用，由巫师乍卦。

◆猪的生肖由来传说

古时有个员外，家财万贯，良田万顷，只是膝下无子。谁知年近花甲之时，却得了一子。合家欢喜，亲朋共贺，员外更是大张宴席，庆祝后继有人。

宴庆之时，一位相士来到孩子面前，见这孩子宽额大脸，耳阔有轮，天庭饱满，又白又胖，便断言这孩子必是大福大贵之人。

这肥胖小子福里生、福里长，自小只知衣来伸手，饭来张口，不习文武、修农事，只是花天酒地，游手好闲，认为命相已定，福贵无比，不必辛苦操劳。哪知这孩子长大成人之后，父母去世，家道衰落，田产典卖，家仆四散。这胖小子仍然继续过着挥金如土的生活，直到最后饿死在房中，这胖小子死后阴魂不散，到阴曹地府的阎王那里告状，说自已天生富贵相，不能如此惨淡而亡，阎王将这阴魂带到天上玉帝面前，请玉帝公断，玉帝召来人间灶神，问及这位一脸富贵相的人怎么会饿死房中，灶神便将这胖小子不思学业、不务农事，坐吃山空，挥霍荒淫的行为一一禀告。玉帝一听大怒，令差官听旨，要胖小子听候发落，玉帝道：“你命相虽好，却懒惰成性，今罚你为猪，去吃粗糠”。这段时间恰逢天宫在挑选生肖，这天宫差官把“吃粗糠”听成了“当生肖”。当即把这胖小子带下人间。从此，胖小子成为一头猪，既吃粗糠，又当上了生肖。

关于狗的文化

作为人类最早驯化的家畜，狗的存在和进化都与人类文明的发展有着千丝万缕的联系。对于它，人们不仅用精美的艺术作品加以歌颂，而且还视其为最忠实的守护神，狗更是十二生肖中的重要一员。人与狗的亲密关系产生了诸多的相关文化。

◆有关狗的故事

宋代朱弁《曲湖旧闻》记录了一则因皇帝属犬而禁屠犬的故事："崇宁初，范致虚上言：'十二宫神，犬居戌位，为陛下可命。今京师有以屠犬为业者，宜行禁止。'因降指挥，禁天下养犬，赏钱至二万。太学生初闻之，有宣言于众曰：'朝迁事事绍述熙、丰、神宗生戌子，而当年未闻禁畜猫也。'其间有善议论者，密相语

曰：‘犬在五行，其取类息有所在，今以忌器谀言，使之贵重若此，审如《洪范》所云，则其忧不可胜言者矣。’”

旧时汉族民间有“赶毛犬”的节日风俗。“毛犬”即狐妖，相传妖于正月十五日群出拜月，扰害生灵。人们在这一天晚上搭毛犬棚，并放火烧掉，同时鸣锣击鼓放鞭炮，以送瘟驱邪。蒙古族有“射草犬”的仪式，人们将稻草扎成犬形，并用箭射，以消除不祥。

江苏一带有“打犬饼”的丧葬风俗。人死后，要以七枚龙眼和面粉作球，悬系于死者的手腕上。迷信认为，人死后要经过恶犬村，死者的饼是用来喂野犬的，以保顺利通过，故称打犬饼。

家畜禁忌文化

禁忌虽然是人的自我行为的限制，但除了人，自然界里几乎所有可以与人发生联系的事物也都可能成为禁忌的来源。

如果把人和动物区别开来的话，动物与人的关系最为密切，它可能对人们的生活构成各种各样的威胁，又能给人们的生活带来许多好处。因此，自古以来就存在着对动物的崇拜，于是便自然而然地形成了一些动物禁忌习俗。由于家畜与人们生活特殊的亲密关系，便产生了一些有关家畜的禁忌习俗。

大牲畜是人们的帮手，也是人们的财产。鄂温克族忌讳买拉厂用过的牲畜，恐对家运不利；不能谩骂牲畜，不然，会变成赤贫；不得杀或卖未停奶的母畜，否则家里会有母子分离的事情发生。春季禁忌用牲畜的腮骨作游戏，习俗以为春季是牲畜生崽期，玩弄牲畜的腮骨会使畜崽畸形。东乡族、哈萨克族等民族忌讳客人当主人的面数牲畜的数目或夸赞牲口肥壮，认为此举会触犯神灵招灾引祸。彝族宰杀家畜时，外人必须避开，否则主人会不悦。

牛是旧时农家最重视的牲畜之一。牛如果有什么异常现象，则常常被视为禁忌。鄂温克族在两头牛顶架时，牛角项在一起拉不开时，认为不好，是不祥之兆。哈尼族忌讳黄牛与水牛交配，认为是不祥之兆，必须举行驱邪仪式。彝族忌放牛时，牛项上带回草圈或树杈，以为是不祥之兆，必须将牛杀死或卖掉。牛尾巴夹在树枝上，说是有鬼勾引，不吉利，要杀掉。牛肚子发胀，也说有鬼，也必宰杀之。汉族安徽一带，忌讳早起听到牛鸣，以为有人欺侮。河南林县一带，忌讳买青牛，以为青年是凶牛，易克主家；黑牛前额有白色片点的，说是带“孝”牛，也忌买回家来，恐于主家不利。

许多民族认为马是神秘的。鄂温克族忌讳马牙挂在马蹬上拿不下来（马咬马镫），据说如出现这样情况，马的主人会死去。主人最喜爱的马如果突然死去，则表示是马代替主人承受了灾难。鄂温克族有将最好的马献给神的习惯，献给神的马不能随便卖掉或杀死。在其年老或患病必须处理时，要先请萨满祈祷另换一匹马献给神，然后才能将原来献给神的马处理掉。满族习俗中也有对马的崇拜仪式，其民俗有专供祭祀用的马。此马不事农务，不许骑、不打鬃、不剪尾。因为它是献给神灵的，所以与神灵有了联系之后，本身也就成为了一个“禁忌体”。

羊对于一些民族是主要的经济来源。因而，有关羊的禁忌也很多。塔吉克族禁忌用脚踢羊，最忌人们在生羊羔时去观看。彝族禁忌杀过人或打死过狗的人剪羊毛，以为这样的人剪羊毛后，羊不易长。其俗还视母羊未下羔儿时生殖器流血为怪异现象，必将母羊杀死。第二年母羊下羔儿时，如第一年生的小羊还吃奶，也为奇怪现象，要母仔齐杀，不杀的话至少要卖掉。在放牧时，如羊脖颈上带回树杈或草圈，便认为不吉利，必将此羊宰杀或出卖。鄂温克族禁忌杀吃种羊，种羊具有更大的神秘性，如种羊在冬天用角往圈外顶，就表示羊群要扩大。脖子上带有绳子的羊，也禁忌宰杀。如一定要杀时，须先解掉绳子。

猫吃老鼠，所以民间多有养猫的习惯。但不是自家喂养的猫如果进了自家的门，会使家运衰败的，或者直接预兆有丧事发生。旧时汉族中有“猫来穷”等俗语流传。鄂温克族人死后，先要把猫抓起来，防止它接近尸体。以为猫从尸体上蹿过，是要发生“诈尸”现象的。台湾一带一般喂养猫的人家禁忌属虎的偷看刚生下的猫崽，据说母猫如果发觉有人偷看，便会把猫崽吞食掉的。生下的小猫如果送给别人家，忌讳收钱，否则卖家必穷。养猫忌讳养白蹄或白尾猫。白属丧相，恐有不祥。山东长岛一带忌养五月生的小猫，俗语有“三月避，四月咬，五月满山跑”的说法。意思是三月生的猫避鼠，四月生的猫咬鼠，五月生的猫什么用处也没有。

狗，也是与人关系很密切的家畜之一。尤其是在具有狩猎传统的民族中，狗更是受到人的崇拜。满族传说其民族的英雄老罕王（努尔哈赤）曾经被狗救过命，因而满族人禁忌杀狗、食狗肉、戴狗皮帽子。普米族中传说人和狗调换过寿命，狗搭救了人类。因此，人们对狗就十分亲热和善待。各地普米族都有年节不打狗，平时不杀狗、不吃狗肉的风俗习惯。拉祜族也禁忌杀狗、食狗肉，并禁忌食狗肉者入其家门。藏族在寺庙附近也禁忌打狗。

狗上屋顶许多地方都忌讳，但所说兆示的内容并不相同。彝族、汉族中都有忌讳听到狗哭的习俗。但汉族中所说狗哭的兆示意义，各地并不相同。浙江余姚、湖南一带以为狗哭兆示将有死丧事发生，安徽一带则说狗哭是兆示水灾，浙江湖州一带又说是兆示火灾，还有一些地方当做被盗、争论的前兆。